电网智能巡检
技术创新与实践成果
2023

主编 任 杰 罗建勇

中国建材工业出版社

北 京

图书在版编目（CIP）数据

电网智能巡检技术创新与实践成果 . 2023/任杰，罗建勇主编 . --北京：中国建材工业出版社，2023.10
ISBN 978-7-5160-3831-4

Ⅰ.①电… Ⅱ.①任… ②罗… Ⅲ.①智能技术—应用—电力线路—巡回检测—案例—中国 Ⅳ.①TM7

中国国家版本馆 CIP 数据核字（2023）第 172946 号

电网智能巡检技术创新与实践成果 2023

DIANWANG ZHINENG XUNJIAN JISHU CHUANGXIN YU SHIJIAN CHENGGUO 2023

主编 任 杰 罗建勇

出版发行 中国建材工业出版社
地　　址：北京市海淀区三里河路 11 号
邮　　编：100831
经　　销：全国各地新华书店
印　　刷：北京天恒嘉业印刷有限公司
开　　本：889mm×1194mm　　1/16
印　　张：8
字　　数：220 千字
版　　次：2023 年 10 月第 1 版
印　　次：2023 年 10 月第 1 次
定　　价：78.00 元

《电网智能巡检技术创新与实践成果 2023》
本书编写组

主　　编：任　杰　罗建勇

副 主 编：崔其会　吕俊涛　邢海文　周大洲　李冬松　周红亮　孔志战
　　　　　李宏军

参编人员：乔　木　潘向华　任敬国　戈　宁　王　鹏　王飞飞　李宇其
　　　　　陈士刚　杨增健　张聪聪　刘故帅　赵　鑫　张志强　李晨晨
　　　　　李　涛　付崇光　王贤华　裴　淼　蒋克强　杨仁明　李永军
　　　　　董德波　樊绍胜　周华敏　戴永东　王明剑　郭丽娟　丁　建
　　　　　何　涛　杨加伦　阴酉龙　吴文斌　韦扬志　姚　楠　麦晓明
　　　　　李晨昊　李　浩　宋光明　赵明明　蔺庚立　任明辉　郭海涛
　　　　　董小刚　赵　超　白晓斌　翟　宾　顾燕丰　王梅梅　高肖松
　　　　　李明洲　董　伟

组编单位：EPTC 电力技术协作平台

主编单位：国网山东省电力公司
　　　　　国网陕西省电力有限公司
　　　　　中能国研（北京）电力科学研究院
　　　　　国网智能科技股份有限公司

成员单位：广东电网有限责任公司机巡管理中心
　　　　　国网江苏省电力有限公司泰州供电分公司
　　　　　国网重庆市电力公司永川供电分公司
　　　　　国网福建省电力有限公司电力科学研究院
　　　　　中国电力科学研究院输变电工程研究所
　　　　　国网浙江省电力有限公司超高压分公司
　　　　　国网安徽省电力有限公司无人机巡检作业管理中心
　　　　　中国南方电网有限责任公司超高压输电公司柳州局
　　　　　长沙理工大学
　　　　　广西电网有限责任公司电力科学研究院

国网江苏省电力有限公司电力科学研究院

南方电网电力科技股份有限公司

国网山东省电力公司超高压公司

东南大学

国网山东省电力公司沂南县供电公司

国网思极网安科技（北京）有限公司

前　　言

　　电力智能巡检是通过先进的技术手段，对电力设备进行全面、深度的巡检工作，应用智能化设备、数据采集技术以及云计算技术，实现设备状态的实时监控、异常预警、维修保养等工作，从而提高电力设备的可靠性、安全性以及运行效率，能够为电力系统可靠供电作出重要贡献。

　　全书整理了35项在电网智能巡检技术领域内具有一定代表性和实践应用基础的成果案例，从案例应用场景、解决方案及应用成效等方面，分享了输电专业、变电专业和配电专业典型设备运检场景下，智能装备、移动巡检、人工智能、机器视觉、无人机、机器人等新技术与电网运检相融合的应用成果与经验。

　　本书在汇编过程中得到了EPTC电力技术协作平台、国网山东省电力公司、国网陕西省电力有限公司、中能国研（北京）电力科学研究院、国网智能科技股份有限公司、广东电网有限责任公司机巡管理中心、国网江苏省电力有限公司泰州供电分公司、国网重庆市电力公司永川供电分公司、国网福建省电力有限公司电力科学研究院、中国电力科学研究院输变电工程研究所、国网浙江省电力有限公司超高压分公司、国网安徽省电力有限公司无人机巡检作业管理中心、中国南方电网有限责任公司超高压输电公司柳州局、长沙理工大学、广西电网有限责任公司电力科学研究院、国网江苏省电力有限公司电力科学研究院、南方电网电力科技股份有限公司、国网辽宁省电力有限公司超高压分公司、国网山东省电力公司超高压公司、东南大学、国网山东省电力公司沂南县供电公司、国网思极网安科技（北京）有限公司等机构及专家学者的大力支持和协助，他们提出了宝贵的建议和意见。在此，向为本书付出辛勤劳动和心血的所有人员表示衷心地感谢。

　　希望本书能对从事电力智能巡检技术研究与应用的同志给予一定帮助。由于编写工作量大，时间仓促，本书难免存在不足之处，敬请广大读者批评指正。

编者

2023年9月

目　　录

架空输电线路导、地线断股修复系统

成果完成单位： 国网陕西省电力有限公司宝鸡供电公司，国网陕西省电力有限公司设备部，江苏华成协弘科技有限公司

成果完成人： 周红亮　孔志战　李宏军　蔺庚立　任民辉　郭海涛　董小刚　赵　超　常　江　顾燕丰

01 成果简介

国网陕西公司根据特高压地线/光缆断股无法修复的实际情况，组织相关单位深入研发，突破层层技术壁垒，成功研发出无人机搭载机器人的架空地线带电断股修复技术，并且成功应用。

02 应用场景

该案例主要应用于输电线路架空地线的断股修复。运用无人机将机器人投送至架空地线上，机器人在线完成断股修复作业后，无人机再将机器人接回地面为验证该项技术的安全性、可靠性，无人机搭载机器人数十次起飞降落，全部成功。地线断股不仅得到了有效修复，完成单次修补作业也仅用时 40 分钟。工作人员只需在地面通过视觉图传操控系统即可完成作业，操作方法简单易上手。无人机搭载机器人的作业方式整体效果安全、实用、高效。

无人机搭载智能机器人架空地线带电断股修复作业

此次断股修复系统的研究为全国首创。该项技术处于世界领先水平，创造了多项第一：

（1）首创无人机投送智能检修机器人技术；

（2）首创无人机偏心悬停骑线技术；

（3）首创双多轴机械臂修复断股技术；

（4）首创扁顶杆限位屈服精准位移技术；

（5）首创无人机快速便携式投送回收机器人技术。

断股修复效果图

研究成果颠覆了传统的人工修复作业模式，创造了输电线路高空无人化智能化带电检修的新方法。除断股修复外，该项技术的突破性成果亦能延展至其他业务，工作内容更加富有广泛性和多样性。

03　解决方案

整体思路：无人机与机器人相结合的作业方式，无需人员登塔。

目标：高效完成断股修复任务。

原则：操作简单、安全可靠。

重点创新内容实施：

（1）无人机偏心悬停骑线投送机器人技术

为解决无人机与架空地线对接的问题，研究开发了偏心悬停骑线技术，利用无人机后部两根起落架连成一个可以骑线的 Y 形支点，通过无人机飞控八旋翼电机功率及角度补偿计算，无人机能自平衡调节重心稳定骑在架空地线上，可靠放置和回收机器人。

（2）无人机快速便携式投送回收机器人技术

如何让无人机和机器人在线路上实现有效地投送和回收，是此项研究的关键性技术。通过 V 形对接杆和弹簧卡扣挂钩的设计，结合升降机构的上下位移，经反复测试和改进优化，最终形成了一套有效的便携式快速机构，投送和回收技术经验证安全有效。

（3）双六轴机械臂骑线式机器人设计

首先，机器人需具备骑线自平衡的基本特性，即机器人重心点位置需位于钢绞线的下方：通过结构分析和计算，将爬线驱动装置与线路位置齐平，其余部件均位于钢绞线的下方，动力系统则位于最下方位置，起到配重平衡的作用；其次，机器人具备一定的爬坡和越障能力，在倾斜的线路上也能完成修复：六轴机械臂分别放置于机器人两侧，左侧机械臂负责断股捋线，右侧机械臂负责断股压接修复，机械臂操作空间灵活机动，可有效应对复杂的断股问题，修复效果牢固有效。

（4）抗干扰能力

输电线路特高压周围会形成较强的电磁场，电场会使高压附近空气中的带电粒子加速，当带电粒子遇到附着物就会形成单极带电干扰，导致机器模块逻辑判断失误和信号传输异常。通过对主控系统 PCB 板共地加 CNC 屏蔽盒设计、信号线束全部采用高密度屏蔽电缆、金属外壳共地等电势等设计优化，无人机及机器人均具备高压磁场的抗干扰能力。

（5）创新组织和支撑保障

国网陕西省公司部署研发任务，由宝鸡供电公司联合江苏华成协弘科技有限公司结合最新技术，共同开发完成该项目的研发、验证和应用。

04 应用效果

2022 年 11 月 14 日，宝鸡供电公司在凤翔 330 千伏新马Ⅱ线开展应用，该技术已安全应用至今。具体表现为：

（1）突破了强电场电磁干扰影响，系全国首次实现无人机机器人带电修复作业，消缺过程中输电线路无需停电，大大提高了输电线路的供电可靠性；

（2）输电线路空中无人化的作业方式，彻底解决了人工消除过程中工作人员的人身安全隐患问题；

（3）线径小于人员上线范围的导地线，机器人亦能上线修复，实施过程不受环境、线缆载重等因素的影响，有效地实现架空地线修复规格的全覆盖；

（4）大大提高了抢修应急响应速度，提高了工作效率；

（5）降低了维修成本；

（6）智能化、简洁化、人性化设计，无人机及机器人操作简单方便，对操作人员要求低，自动化程度较高；

（7）不仅解决了架空地线断股修复的问题，双六轴机械臂机器人的应用，功能更加多样化，可以满足多种作业工况的需求，研究开发的深度和延展性强；

（8）技术领先、实用性强、有效解决了架空地线的断股处理问题，大大降低了维修成本，消除了人工处理时人身安全隐患。

基于多源数据融合的输电线路通道走廊三维精准测距的预警研究与应用

成果完成单位： 国网江苏省电力有限公司泰州供电分公司

成果完成人： 戴永东 毛 锋 王茂飞 高 超 吴奇伟 王神玉 李明江 仲 坚 李鹏程 高 翔

01 成果简介

一般来说，输电线路点多、线长、面广，杆塔上需要大量部署单目可视化监拍装置，以对线路通道进行远程监控。前端图像监拍设备＋云端图像智能识别算法，对拍摄图像中的施工车辆、机械、山火等隐患物进行识别，系统可定性地识别施工车辆等外破隐患，却无法感知外破隐患的大小和位置，无法实时计算其对导线净空距离，无法进行精准预警。鉴于此，本案例提出了结合点云数据三维空间信息和二维图像信息，进行二维-三维映射的方法，实现测量功能，实现全天候、全天时远程监测。

02 应用场景

国网江苏电力共有监控设备 12 万余台，可视化应用识别告警 3200 万条。由于单目相机不能准确测距，导致告警有效性低，无效告警约占 96.76％。此外，电网大规模应用无人机，建成省级无人机应用平台，已完成 220 千伏及以上点云数据采集，积累了海量的激光点云数据。

本案例将无人机采集的点云数据和电力杆塔上摄像头采集的输电线路走廊二维影像数据映射，建立多视图摄像机内方位元素标定方法，构建映射数据快速检索结构，开发单目影像测距系统对线路通道进行全天候、全天时的远程监测。其创新点如下：

首创了融合输电通道三维数据和二维数据映射用于测距的系统和方法，解决了单目影像无法量测的难题。

建立输电线路监拍装置多视图摄像机内方位元素标定方法，结合相机内方位元素参数、通道内高精度点云和图像同名特征点提取，进行数据优化，提升数据量测精度。

构建映射数据快速检索结构，提出平台端目标快速检索测距技术，实现高并发目标物快速检索测距，解决了告警误报率高的问题，支撑日并发测距告警量百万余次，实现输电线路通道精准告警广覆盖、全天候、高精度的远程安全监测。

03 解决方案

（1）整理案例思路

为了实时测量输电线路通道内的目标与输电线路距离，国内外提出了多种测距技术方案。归纳起来有三种：一是基于单目相机的测量系统和方法，该装置通过单目相机逆透视变换获取目标逆透视坐标来实现测距；二是基于双/多目的测量系统和方法，该装置根据物体左/右图像匹配区域的边缘点的水平距离计算视差进行单目标测距；三是基于激光雷达的测量方法，该方法通过无人机采集通道数据进行目标物现场测距。

（2）目标和原则

本案例创新性地使用无人机采集点云数据和电力杆塔上安装摄像头采集图像，运用映射技术、数据融合精度优化技术、海量点云数据并发加载技术，解决无法量测通道内危险源与线路安全距离的问题。

（3）重点创新内容实施

核心映射方法：首创了无人机采集三维点云数据和电力杆塔采集二维图像映射的系统和方法，通过不同时空数据融合，解决单目影像无法量测输电线路通道目标的难题。

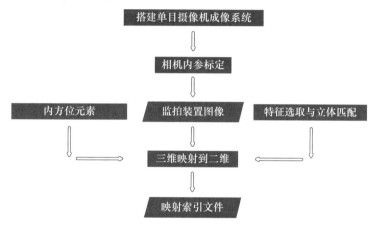

图 1　技术流程

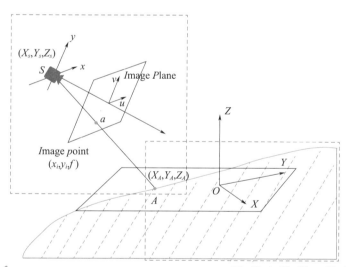

$$\begin{pmatrix} u \\ v \\ 1 \end{pmatrix} = \begin{pmatrix} \dfrac{f}{d_x} & 0 & u_0 \\ 0 & \dfrac{f}{d_y} & v_0 \\ 0 & 0 & 1 \end{pmatrix} \begin{pmatrix} M & T \\ 0_{1*3} & 1 \end{pmatrix} \begin{pmatrix} U \\ V \\ W \\ 1 \end{pmatrix} \quad (1)$$

$$\begin{cases} x - u_0 = -f \dfrac{a_1(X_A - X_S) + b_1(Y_A - Y_S) + c_1(Z_A - Z_S)}{a_3(X_A - X_S) + b_3(Y_A - Y_S) + c_3(Z_A - Z_S)} \\ y - v_0 = -f \dfrac{a_2(X_A - X_S) + b_2(Y_A - Y_S) + c_2(Z_A - Z_S)}{a_3(X_A - X_S) + b_3(Y_A - Y_S) + c_3(Z_A - Z_S)} \end{cases} \quad (2)$$

d_x 和 d_y 为图像横纵方向物理尺寸；

f 为摄像机焦距，$(u_0 v_0)$ 表示像中心坐标；

M、T 为像平面坐标与物理坐标间的变换参数；

$e = R \cdot [M/T] \cdot A - a$　　(3)

目标点像素坐标 a 与其点云坐标 A 的误差函数为式 (3)；

R 为内方位参数矩阵；

M 为 a_i, b_i, c_i 构成的旋转矩阵；

T 为 (X_S, Y_S, Z_S) 构成的平移向量；

对式 (3) 进行泰勒展开，利用最小二乘法最小化误差 e，最终计算出未知项 M 和 T

(x, y) 为特征点像平面坐标；

(X_A, Y_A, Z_A) 为特征点在点云坐标系下的三维坐标；

(X_S, Y_S, Z_S) 为摄像中心在点云坐标系下的坐标；

a_i, b_i, c_i $(i=1,2,3)$ 为像平面坐标系与点云坐标系间的旋转矩阵

图 2　三维到二维映射技术方案

高精度测距：建立输电通道多视图摄像机内方位元素标定方法，对通道内多型号监拍装置进行相机内方位元素标定，实现内方位元素亚像元级标定精度，从两个方面保证相机内元素和点云数据精度；提出基于输电线路杆塔和地物特征的特征点提取技术修正误差，提升通道内数据映射融合精度，实现通道内目标物亚米级测距。

图3　通道多特征点提取

高并发测距：构建映射数据快速检索结构，提出平台端目标快速检索测距技术，实现高并发目标物快速检索测距，支撑日并发测距告警量百万余次。

（4）创新组织

泰州供电公司依托智能运检中心为主干架构，立足于电网企业生产实际，会聚全国各地专家团队，集中整合智能运检资源开展重点攻关，加速相关成果孵化，推动制定相关标准，进一步提升智能运检为电网提质增效的突出效益。

（5）支撑保障

泰州供电公司智能运检中心采取"1＋3＋N"模式运营，即设1名主管、3名专职技术人员、N个柔性团队，集聚全公司人才，承担可研成果孵化、试点及推广、柔性专家团队创新实施、青年人才培养，创新成果得以转化。

04　应用效果

本案例在江苏电网内广泛应用，以泰州为例，通过本案例的应用，将无效告警率下降到0.2％；年均节约值班人员成本约94万元，降低运维费用约365万元。有效降低外破风险，保障了电网安全稳定；推动线路巡检模式转型，提高运检质效；推动电网数字化转型，提升电网智能化水平。有效地降低了监控成本和巡视成本；防止线路外破跳闸事故发生，显著提高了供电可靠性；在市场拓展方面，电网现有百万台单目监测装置，通过升级支持测距算法，有效防止了外破发生。此外，在环保领域，本技术已用于露天焚烧烟雾的监测及位置定位，并可实现将告警推送给环保部门。

特高压输电线路健康评价与检修决策

成果完成单位：国网浙江省电力有限公司超高压分公司，国网浙江省电力有限公司

成果完成人：丁 建　许杨勇　苏良智　周啸宇　丁立聪　陈云鹏　李博亚　姜云土　吴晨曦　罗绍青

01　成果简介

2022 年 1 月，特高压±800 千伏××线在进行综合检修前采用了高压输电网设备监控大数据管理分析工具对健康状态进行评估，并通过大数据分析给出检修建议，这项成果大幅提高了输电线路检修工作的质量效益。

02　应用场景

架空输电线路所处环境复杂多变，外界环境对设备运行影响因素相对较多，故障发生的机理相对复杂，当前对于易发生故障或缺陷的区段没有完善的预判工具，特高压输电线路的综合检修工作都是依据现场缺陷及经验来开展。本案例通过自主研发的基于人工智能的特高压输电网设备监控大数据管理分析工具对特高压输电线路、多源监测数据的融合分析、线路状态评价与检修指导工作，对于输电线路运检管理有着广阔的应用空间。其主要特点及创新点如下：

（1）可对特高压输电线路全线路设备信息进行三维查看；

（2）可通过输入特高压输电线路和历年缺陷，并结合现场运行环境构建设备监控画像模型，直观反映设备健康状态；

（3）可快速寻找输电线路最易发生故障时的区段，实现对输电线路状态进行预测，为检修运维工作提供决策依据。

03　解决方案

（1）目标与原则

通过特高压输电网设备监控大数据管理分析工具实现±800 千伏××线海量多源异构的特高压输电设备数据的采集、处理和存储；

通过特高压输电网设备监控大数据管理分析工具实现±800 千伏××线基于多源异构数据、线路周边环境数据、地理数据融合的三维场景的建模；

通过特高压输电网设备监控大数据管理分析工具完成±800 千伏××线基于标签技术的设备健康画像模型的研究与设计；

通过特高压输电网设备监控大数据管理分析工具完成±800 千伏××线输电设备状态的研判。

通过对±800 千伏××线的线路状态评估，提出线路检修建议，为现场检修工作提供信息支撑。

（2）重点创新内容实施

第一阶段：导入±800 千伏××线基础信息和历年检修记录；

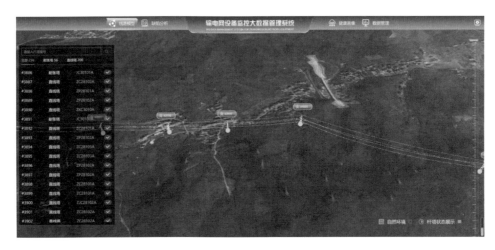

图 1　线路整体情况展示

图 2　杆塔历年缺陷查询

第二阶段：通过多源异构数据融合的三维场景建模对±800 千伏××线输电走廊环境、线路状态、电力设备状态、统计数据等输电线路运行情况进行查看；

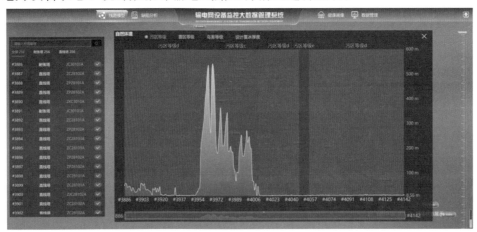

图 3　线路地理环境展示界面

第三阶段：采用人工智能技术分析±800 千伏××线设备健康画像模型，提出设备健康状态评价结果；

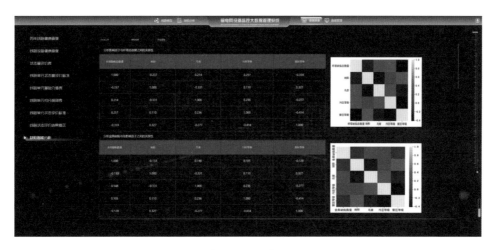

图 4 线路健康状态评价报告

第四阶段：提出检修建议，特高压输电网设备监控大数据管理分析工具自动生成±800 千伏××线健康状态评价报告。报告提供了该线路的湖州段 3886♯ 至 4085♯ 段绝缘子鸟害破坏、嘉兴段 4085♯ 至 4088♯ 基础类缺陷应进行重点关注的检修策略及建议；

第五阶段：依据系统提出的检修策略建议，提前准备了绝缘子类和基础塔材类备品、备件。

图 5 4044♯ 极Ⅰ、极Ⅱ鸟啄损伤严重复合绝缘子处理前后

04 应用效果

实际检修中发现±800 千伏××线 4044♯ 极Ⅰ、极Ⅱ共 2 支复合绝缘子内侧串伞裙被鸟啄，且损伤严重。健康报告对实际检修情况有极强的指导意义，显著增强了输电线路综合检修备品、备件管理能力。通过系统核查与现场走线相结合的方式，±800 千伏××线全线登塔检查 257 基、走线检查 112.89 千米，检修时间较原计划缩短 2 天，加快了检修作业的缺陷排查与确认速度，提升了检修作业停电窗口的时间利用效率。

通过特高压输电网设备监控大数据管理分析工具综合分析±800 千伏××线历史缺陷数据与所处地理环境、天气环境、人为因素的关联关系，得出该线路健康状态评价得分与未来健康状况评估，发现线路不同区段缺陷发生概率与污区、鸟害区呈明显正相关关系，为该线路后续综合检修作业重点预估提供了有效的参考。

该案例对于输电线路运维、检修工作有着较强的参考价值，并具备推广应用的市场前景。

输电线路除冰机器人在输电线路地线除冰中的应用

成果完成单位： 杭州申昊科技股份有限公司

成果完成人： 吴海腾　杨子赫　张栋梁　李军房　韩文超　杨铭宇　刘俊延　罗福良　花聪聪　王　昇

01　成果简介

输电线路架空地线覆冰目前尚无有效的除冰手段。为实现机器人在上下塔、进出线相关改造设施的辅助下自主上下塔、进出线，进而自动部署至地线并展开除冰作业任务的目标而研发的。

02　应用场景

冬季输电线路容易产生覆冰，覆冰若不能及时去除，冰层会越积越厚，严重时可将电缆压断、杆塔拉垮，进而造成严重的电力事故。针对导线覆冰，有直流融冰的手段。但对地线覆冰，目前尚无有效的除冰手段。

输电线路除冰机器人应用于输电线路地线，其场景具有以下特点：

（1）地线架设于塔头最高处，离地高度大。且因机器人自重较大，将机器人部署至地线难度较大；

（2）输电线路出于成本、安全、运维等角度考虑，常架设于山区、湖泊、草原等地，远离人群；而此区域内，公网信号弱，无市电供应，通信、取电困难；

（3）输电线路地线处于高压电场环境中，电磁干扰度大。

输电线路除冰机器人为满足在上述场景中的正常应用，具备以下技术特点：

（1）机器人在上下塔轨道、进出线旁轨辅助下，可自主上下塔、进出线：配有上塔运载装备，可沿上下塔轨道将机器人运送至塔顶；机器人具有变轨机构，在塔顶可利用变轨机构，驶入进出线旁轨，由旁轨过渡到地线，完成机器人上线部署；

（2）机器人支持 4G/5G/WiFi 等多种通信模式，有公网信号时，通过公网通信；无公网时，可通过自组网通信；机器人同时具备电池快换结构，可快速更换电池；塔上设有太阳能充电装置，机器人可实现自动补电；

（3）机器人具备金属外壳及线缆屏蔽防护能力，抗干扰能力强。

03　解决方案

（1）目标和原则

使用机器人填补地线除冰手段的空白，避免人员上线，实现除冰作业的智能化。

（2）整体思路

使用单线运动载体＋除冰作业单元的模式，辅以远程通信、实时监控技术，完成设备开发实现；采用上下塔轨道、过渡轨道、运载装备，实现设备的无人化运载部署。

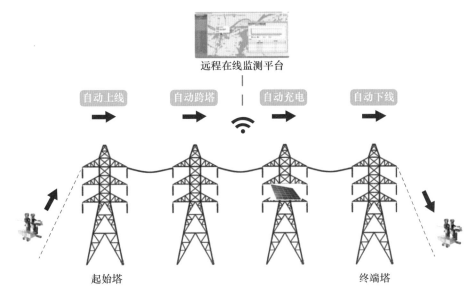

图1 系统组成

（3）创新内容实施

① 本体运动平台：采用双臂式行走模式，V形轮毂构型，搭配力反馈压紧机构，实现线上行走、爬坡、越防震锤。同时，两行走臂间距具备自动调整功能，可蠕动式上陡坡，并提升越障的灵活性、安全性；

② 上下塔：沿塔角主材，铺设上塔轨道，并在轨道上安装链条，上塔运载小车驮附机器人本体，在链轮、链条传动下沿轨道爬升至塔顶；

③ 进出线：沿塔头至地线路径，铺设圆钢旁轨，机器人在被运载至塔头后，从上塔运载小车驶入旁轨，沿旁轨进入地线；

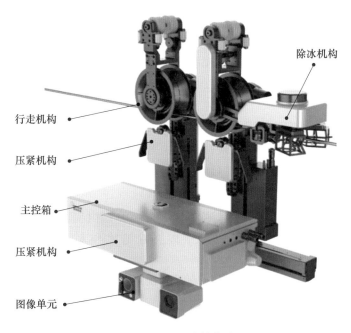

图2 机器人本体构成

④ 跨塔：机器人在塔头设有跨塔旁轨，连接两根地线，机器人沿跨塔旁轨从一侧地线驶入另一侧地线；

⑤ 充电：采用无线充电方式，充电机巢安装在跨塔旁轨侧，机器人驶入指定位置时自动开始充电；

⑥ 除冰机构：采用三合一除冰方式，针对 10mm 以下的雾凇、雪凇覆冰，采用碾压轮直接进行碾压去除；针对 20mm 以下的雾凇、雪凇覆冰，采用铲冰机构进行铲除；针对雨凇或 20mm 以上的雾凇、雪凇，采用夹冰机构进行夹除。

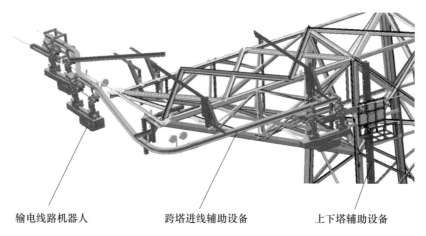

输电线路机器人　　　　跨塔进线辅助设备　　　　上下塔辅助设备

图 3　机器人上塔进线示意

（4）现场实施

可结合气象预报与覆冰经验（通常连续两天气温在 0° 以下、雨雪天气，必然覆冰），根据提前部署机器人，机器人沿上塔进线设施驶入地线或机巢待命；覆冰产生时，可遥控机器人驶入地线进行除冰；电量耗尽后，可驶入充电机巢补电，或沿上下塔轨道回到地面进行人工换电，换电后重新驶回地线继续作业。

（5）救援保障

当机器人产生运动系统故障后，人工可在 1km 范围内遥控机器人压紧机构下放，由无人机或人携带牵引绳至机器人附近，而后拉回；非运动系统故障，地面操作平台遥控端通过机器人内置的应急救援控制单元接管机器人运动控制权，遥控机器人驶回。

04　应用效果

（1）应用输电线路除冰机器人后，为解决输电线路地线覆冰问题提供了新的手段，改变了输电线路地线覆冰无有效去除手段的现状；

（2）输电线路除冰机器人的自动上下塔、进出线极大地提高了部署效率，无需人员上塔作业，避免增加一线运维人员的工作负担，提高了生产效率；

（3）使用输电线路机器人进行多档除冰作业，实现单台机器人可覆盖整个覆冰区段的作业目的，相比地线绝缘化改造、利用直流融冰手段去除覆冰和人工除冰，其代价更小，花费更低，经济效益良好；

（4）使用机器人上线代替人工作业，助力输电运维智能化、数字化作业展开；远程管控平台可实现远程作业任务下发、作业数据记录与管理，提升输电运维的智能化管理水平。

拉线塔拉线智能巡检机器人的研制及应用

成果完成单位： 南方电网超高压输电公司南宁局，重庆览辉信息技术有限公司

成果完成人： 侯　俊　李守信　何宁安　王元军　吴正树　刘宝龙　王　闯　苏清寿
梁鑫飞　赵晓龙

01　成果简介

针对锈蚀断股拉线更换时出现的测量误差大、作业风险高等问题，本项目采用拉线塔拉线长度智能测量机器人来代替人工登塔测量拉线长度，包含了行走模块、测量模块、硬件系统模块等。该拉线长度智能测量机器人可代替作业人员开展拉线塔拉线长度测量工作，不仅减少了作业强度以及人工测量时与带电体安全距离不足导致的触电风险，而且测量精度高、误差小，解决了传统人工测量因人员、测量方法、测量工具等造成测量数据误差偏大的问题。

02　应用场景

（1）应用场景一：针对目前运维单位在更换拉线塔拉线时，代替人工登塔测量拉线长度，只需现场人员将该机器人安装在拉线上即可控制沿线上下行走，开展拉线长度的测量，测量完成后可遥控返回测量初始点位置。

（2）应用场景二：针对架空地线长期运行过程中出现的（包含 OPGW）老化锈蚀、雷击断股等情况，重要交跨等位置，运用本装置可近距离开展沿线巡视，精准发现缺陷隐患。

（3）特色及创新点：创新性利用数字化、自动化工具代替传统人工登塔开展拉线塔拉线长度测量工作，降低了作业强度和作业风险，解决了传统人工测量因人员、测量方法、测量工具等造成测量数据误差偏大的问题，装置的成功应用可有效地减轻运维人员登塔测量锈蚀断股拉线、地线老化锈蚀断股等缺陷的工作量，降低了人员高空作业、飞车出地线作业的暴露率以及人员高空坠落、触电等风险，同时保证了数据的准确性，及时消除缺陷隐患，保障设备安全稳定运行。

全套装置装箱图

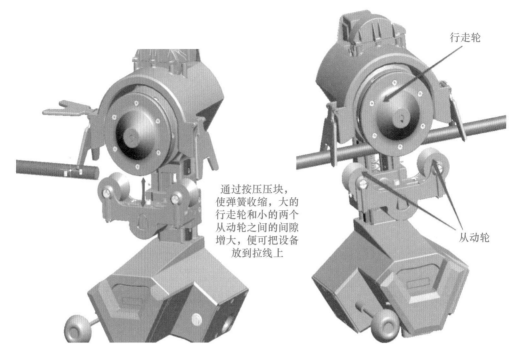

行走轮

通过按压压块，使弹簧收缩，大的行走轮和小的两个从动轮之间的间隙增大，便可把设备放到拉线上

从动轮

装置安装示意图

现场应用图片

03 解决方案

（1）思路和目标

研制的机器人可以完全代替人员登塔测量拉线长度，同时测量精度高，满足更换需求。

主要研究内容：

① 智能控制装置。采用单片机、传感器等，机器人可自主前进后退；

② 行走装置。与拉线接触紧密，同时可以顺拉线自由行走，不会发生坠落；

③ 供电装置。具有体积小、容量大、可拆卸更换、续航能力强的供电装置；

④ 测量装置。该装置要有较高精度，误差不得超过 10 厘米，且满足现场使用；

⑤ 数据显示与存储。具有屏幕显示，预置数值、归零等功能；

⑥ 结构设计。结构紧凑、质量轻、精度高、续航久、操作便捷、安全高效，适用于现场

工况。

（2）原则

装置灵活可靠，数据满足精度要求，降低人员作业负担。

（3）创新内容

① 拉线塔拉线长度智能测量机器人可以适应在拉线塔拉线角度45度角拉线上下行走移动，平稳、灵活、可控，具有停驻留功能。

② 装置由一个主轮和两个副轮组成，两个副轮通过弹性装置调节压紧力，压紧力增加，摩擦力增大，避免打滑，而且可用于直角的拉线。

③ 在副轮前方有触点装置，当到了拉线终点的时候，触点装置与金具产生接触，反馈信号，说明到达了终点，为了避免出现误触的情况，在主体上加一个摄像头以做监测。

④ 长度测量信息采集，主轮转一圈采集器便收集一次数据，从起点到终点所采集的圈数并通过算法计算得出拉线长度。

⑤ 数据显示传输，通过遥控手柄与机器人之间建立通信，能显示机器人行走测量的实时数据。

⑥ 数据可保存，可监视，可清零修正。

⑦ 管理创新：将数字化、信息化等检测方法和手段用于开展传统作业方法方面的探索，不断迭代优化输电线路运维的数字化转型工作，提升运维水平。

（4）实施内容

主要结构：行走装置＋线长信息采集器＋信号传输

① 行走装置：由一个主轮和两个副轮组成，这种方式可以避免打滑，而且可用于直角的拉线，两个副轮通过弹性装置调节压紧力，压紧力增加，摩擦力增大，避免打滑。在副轮前方有触点装置，当到了拉线终点的时候，触点装置与金具产生接触，反馈回信号说明到达了终点，为了避免出现误触的情况，在主体上加一个摄像头以做监测。

② 线长信息采集器：采集器集成在主轮中，主轮转一圈采集器便收集一次数量，从起点到终点所采集的圈数再通过与轮径相乘便得出拉线长度。

③ 信号传输：通过遥控手柄与机器人之间建立通信，用于传输前进、后退等指令。

04　应用效果

（1）安全效益

该拉线长度智能测量机器人可代替作业人员开展拉线塔拉线长度测量工作，具有高效、省力、安全的优点，避免了因人工登塔测量带来的大量体力消耗以及人工测量时绳索受风吹等影响与带电体安全距离不足时有可能导致触电的风险，安全性显著提高。同时，该测量机器人测量精度高、误差小，解决了传统人工测量因人员、测量方法、测量工具等造成测量数据误差偏大的问题。

（2）经济效益

利用该拉线长度智能测量机器人单人即可完成拉线塔拉线的测量工作，而人工测量最少需要2人，运维成本降低；另外，该测量机器人测量精度高，可避免因人工测量数据不准，导致裁剪压接后的拉线过长或过短无法使用的情况，减少材料的浪费，节约成本。

（3）其他效益

目前在电力行业中，拉线塔或拉线电杆在高压输电线路和配电线路均普遍使用，在日常维护中更换拉线是经常发生的，该拉线长度智能测量机器人适用多种线径的拉线，适用范围广阔，市场需求量大，具有推广应用潜力。

生产运行支持系统（深圳边侧）的建设及运行

成果完成单位： 深圳供电局有限公司，南方电网数字平台科技（广东）有限公司

成果完成人： 章　彬　林子钊　伍国兴　李　艳　巩俊强　汪　鹏　张　繁　黄炜昭　徐　曙
　　　　　　王勋江

01　成果简介

生产运行支持系统（深圳边侧）采用"VXlan＋IPv6"架构的高速智能专网，基于变电视频监测、安防、在线监测等系统的支撑，结合物联网、人工智能、大数据等技术，全面打通视频、消防、动环、在线监测、安防等数据，实现智能巡视、智能督查、智能操作、智能处置、主动告警、周界安防等应用，全面提升生产智能化水平，推进深圳供电局生产域数字化转型与生产管理提升，有效地支撑深圳供电局生产指挥中心的常态化运作。

02　应用场景

（1）智能巡视

采用"AI巡视＋远程巡视"结合，全方位应用摄像头、红外等数字化装备开展远程巡视，并根据全局巡视策略，结合红外检测、渗漏油、鸟巢等21类AI算法开展后台数据分析，每分钟可完成约10800张图片识别，实现问题及时发现、隐患早期预警。现场巡视80％可实现远程开展，用时较传统减少95％，巡视工作由现场人工巡视为主逐步转变为"机器代人"远程巡视。

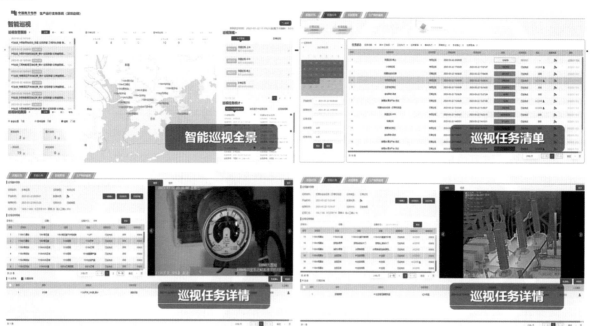

图1　深圳局生产运行支持系统智能巡视功能界面

（2）智能督查

通过将各类智能技术覆盖至站内工作的整个流程和区域，实现了3个场景应用：对全部风险作业进行全过程督查，根据工作地点自动关联摄像头预置位，通过作业行为AI算法智能识别告警。对中、高风险的作业风险，实现现场作业的实时远程安全督查。对重点区域，通过设置AI摄像头的守望位，固定频率监控并抓取现场图片，自动识别告警。2022年以来，发现并纠正问题1869项，同比增加45％，督查效能得到有效提升。

图2　深圳局生产运行支持系统智能督查业务示例

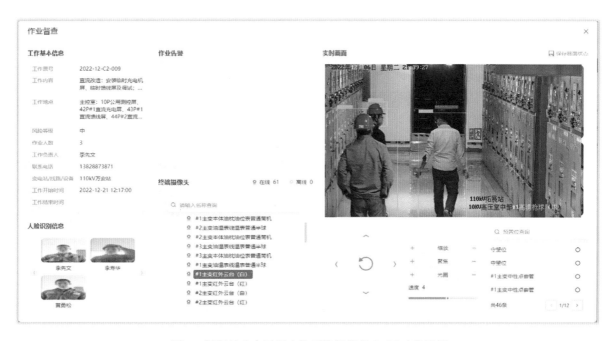

图3　深圳局生产运行支持系统智能督查AI功能示例

（3）智能操作

建立"程序化操作＋视频识别"双确认的远程操作机制，基于视频及 AI 算法，接入网络调令系统实现视频联动、智能识别、多维总览、联动配置等功能，在远方实现倒闸操作到位情况的智能判断及人工确认，实现变电站操作现场无人化。试点区域实现调控一体化目标模式运作，操作效率提升至 98.2％。

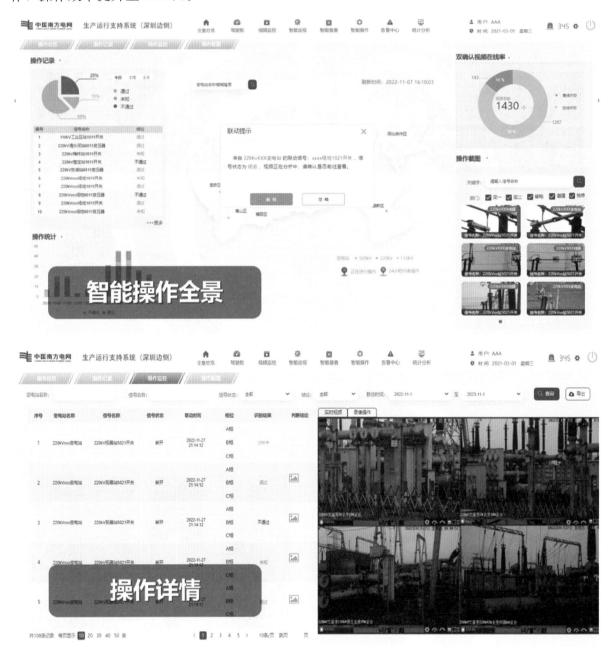

图 4　深圳局生产运行支持系统智能操作界面

（4）智能处置

统一汇集保信、录波、测距、雷电、输变电视频、在线监测等信息，在电网设备发生跳闸后快速定位故障位置及原因，主动推送跳闸报告及跳闸录像，实现故障自动告警，数据智能分析、报告自动生成，打造立体、实时、全面的联动指挥体系。2022 年，已开展 45 单跳闸故障快速应急，其中夜间跳闸 11 单，快速远程精准溯源 37 次，故障处理时间平均缩短 1 小时以上。

图 5　深圳局生产运行支持系统智能 AI 应用示例

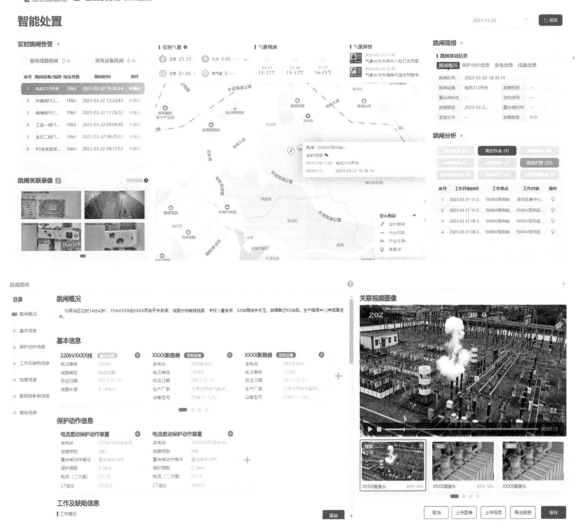

图 6　深圳局生产运行支持系统智能处置应用示例

（5）主动告警

借鉴调度 SCADA 告警功能设计思路，结合生产实际业务需求，建立"设备 SCADA"值班告警功能，汇集调度 SCADA 告警、设备类告警（含 AI 巡视、在线监测巡视、智能算法分析）、设施类告警（含动环监测）、督查类告警（含作业违章）、消防类、安防类等不同类型的告警数据，实现全维度设备实时监测、超前预警、统一处置，及时排除风险隐患。

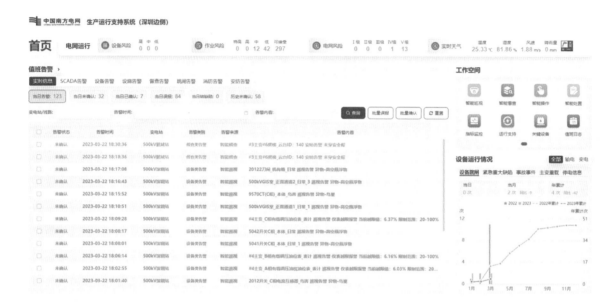

图 7　值班告警首页

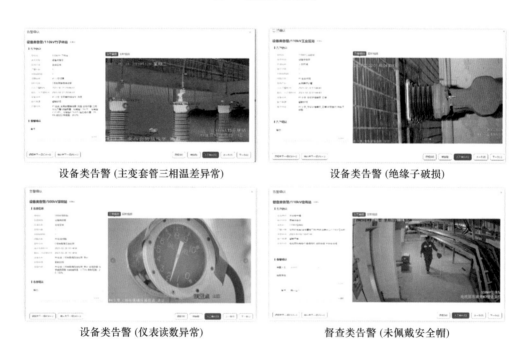

| 设备类告警 (主变套管三相温差异常) | 设备类告警 (绝缘子破损) |
| 设备类告警 (仪表读数异常) | 督查类告警 (未佩戴安全帽) |

图 8　各类告警详情

（6）周界安防

通过周界安防管控系统、生产运行支持系统的融合应用，实现与智能门锁、红外对射探头、红外报警主机等设备的打通，在线自动下发撤、布防指令，实现"安防＋视频"双结合的安防管理，无工作票、作业计划不予撤防进站，彻底根除"体外循环"。

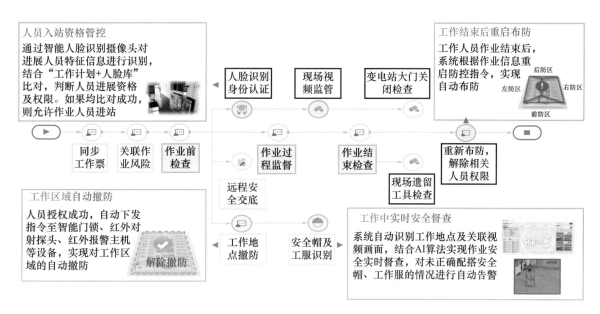

图 9　周界安防系统逻辑

03　解决方案

（1）整体案例目标和原则

承接南方电网要求，重点按照"安全第一、集约高效、开放共享、实事求是"的统一原则建设，一体两面推进生产域数字化转型与生产管理提升，在生产和创新双轮驱动下，加速"四类赋能"，打造深圳局生产运行支持系统应用建设体系，充分发挥深圳基于"IPv6＋VXlan"架构的高速智能专网优势，试点建设生产运行支持系统（深圳边侧），实现智能巡视、智能操作、智能督查、智能处置"四个智能"为主的智能化应用，提升生产运维效率，助力生产组织模式优化发挥最大效能，最终迈向"一个提高、两个实现"的总体目标。

（2）建设思路和重点创新内容实施（基本做法）

建设智能专网构筑数据网络高速路：对原有Ⅲ区综合数据网进行切片升级和加密，采用IPv6＋VXlan技术构建了智能技术专网（国资委试点项目），实现了智能摄像头、门禁、物联网传感器、消防接入装置等设备的IPv6接入。

加装视频终端覆盖深圳全域变电站：通过"站端建设－主站验收"的工作模式推进视频终端建设，实现所有变电站视频终端全面覆盖，并基于智能技术专网直连变电视频监测系统，实现变电全域图像监控、环境感知、智能控制、消防报警、门禁识别等功能，提升变电巡视、监测工作效率。

数据赋能打造数字生产高级应用：按照南方电网公司的整体规划，基于"智能技术专网"（深圳独有），紧密结合"4321"建设思路。感知层部署摄像头、门禁、传感器、消防等设备，通过数据处理单元集中采集、规约转换、数据上送；网络层采用智能技术专网，数据传输更高效安全；平台层接收数据，通过变电视频监测等系统提供底层基础能力支撑与融合，并推送至物联网平台；应用层基于"云数一体化"的统一技术路线，试点建设生产运行支持系统（深圳边侧），实现各类业务的高级应用。

（3）创新组织和支撑保障

按照公司统一安排，依托电科院的技术优势，在生产指挥中心构建前、中、后台协同运作模式，建立生产问题及情报信息流转、生产信息化需求开发应用闭环、决策支持协同作战的高效联动机制，支撑生产集约化、专业化管理，解决生产业务管理痛点，提升管理穿透力和辅助决策能力。

04 应用效果

（1）经济效益

本项目实施涉及142座110千伏变电站的站端数字化改造基础建设与1个生产指挥中心建设，在实现智能巡视、智能操作、智能督察、智能处置功能的同时，建设成本大幅下降，平均单站建设成本由375万元/站，降低至113万元/站，累计节省投资3.72亿元。成本的节约主要来自于三方面，一是采用先进的架构，减少了站端和主站侧硬件的投入，其中以应用服务器、算法服务器最为明显，由边缘部署转化为云端部署，提升了服务器的负载率，降低了服务器的数量；二是采用IPv6直连模式，降低了站端通信设备和线缆的投资；三是采用更为开放的系统架构，使得专业化采购模式得以实施，消除了以往项目的集成商环节，同样设备的采购成本大幅度下降。

（2）社会效益

得益于本项目的应用，深圳局从原19个巡维中心管理285座变电的模式，调整为14个巡维中心管理，实行"白班为主的ON-CALL值班模式"，夜间值守人数较原来减少50％。

通过"机器代人"，将生产一线的高素质员工从简单、重复、低效的作业中解放出来，专业的人做专业的事，避免重复劳动，减少无效工作，实现人力资源的大幅释放。以500千伏深圳、鹏城巡维中心为例，执行新的生产组织模式后，通过全面实现无人值班、智能巡视、远程操作及远程许可优化业务，累计可释放30％以上的人力资源。

大规模抽水蓄能电站群全域设备大数据智能分析与可视化系统建设应用

成果完成单位：南方电网调峰调频发电有限公司检修试验分公司

成果完成人：巩　宇　杨铭轩　刘　轩　吴　昊　李　青　钟雪辉　于亚雄　邱小波　俞家良　黄中杰

01　成果简介

国内首次建成并投入运行的大规模抽水蓄能电站全量生产设备大数据分析平台，接入南方电网五省区 7 座抽水蓄能电站、2 座调峰水电，共 81 个系统 31 万个测点数据，实现多源异构数据秒级传输与云端可视；自主研发低代码模块化组态算法工具，部署了 1000 余项智能分析算法以及 LSTM 等机器学习算法，实现数据的实时及远期预测；建立设备状态智能"钻取"、预警和评价体系，全面感知设备运行状态，推动设备传统运维方式的变革，提高劳动生产率及设备可靠性。

02　应用场景

本案例主要应用于大规模抽水蓄能电站群的生产设备数据分析及运维业务管理，主要包括：

（1）大规模抽水蓄能电站群设备状态数据全域透明监测。构建了涵盖电厂一次、二次设备和通信网络的大数据平台，打通各系统数据孤岛，云端集成 9 座电站 81 个系统 31 万个数据测点的多源数据，全面感知所有电站的设备运行状态。

（2）可低代码自由组态开发算法的工具研发。自主研究电力领域生产大数据分析架构，并研发了 49 种低代码模块化可自由组态的算法工具，实现了无代码经验用户快速、动态部署数据分析算法。

（3）全系统多源数据融合的大数据智能分析算法部署。国内首次提出了多源数据融合的大规模抽水蓄能电站数据分析技术体系，针对设备运行原理、故障特征研发部署了 1000 余项智能分析算法，形成一系列具有自主知识产权的抽水蓄能电站设备多源数据智能挖掘方法。

（4）融合 AI 智能技术建立设备状态预测预警体系。基于多电厂正常样本训练并部署了基于长短周期神经网络等 AI 算法的抽水蓄能机组状态评价及故障预测模型，实现关键物理量的趋势预判和安全边界计算，准确分析设备的安全状态并提供预警。

（5）推动传统业务转型及机器替代。开发了实用性强的各系统数据分析可视化工具，自定义自主生成设备数据分析报告，实现专业巡检机器替代 90％以上；融合设备大数据分析与 RCM 检修策略优化决策体系，提升 RCM 决策的准确度，常态化应用数据分析结果为运维决策提供支持，实现经验决策向数据决策的转变。

03 解决方案

（1）整体思路

面对抽水蓄能电站群存在设备数据体系不贯通、数据分析不深入、数据分析智能化程度不高等难题，本案例通过研究抽水蓄能电站群多源大数据融合分析技术体系，打造智能决策分析系统，坚持优先治理数据质量，积累宝贵的数据资产；坚持以生产现场需要为导向，解决实际痛点问题；坚持自主研发多用途算法工具，自主建立专业分析算法交付专业技术人员，打造数据分析决策支撑体系，实现设备全面可观可测，为数据驱动的智能分析及决策提供算法和算力支持。

（2）重点创新内容

大数据传输：研究面向多源数据的统一传输和存储模型，开发各类自适应协议和传输模块，经多级网络接入云端系统，根据各生产系统特点和场景需求建设了数据中台，融合断点续传、断线重连、断网监测、消息队列、时序存储、数据清洗等多种技术，保障跨越南方电网五省区 9 个厂站超 31 万个数据高质量、高并发、高精度的传输和存储，为数据应用奠定基础。

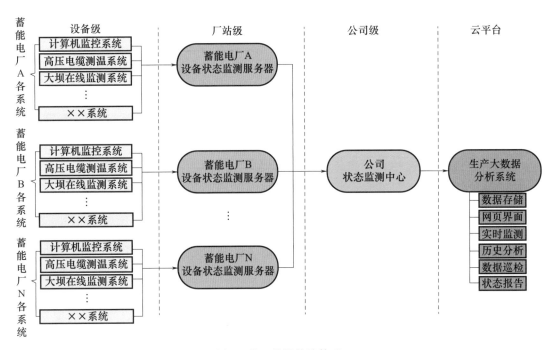

图 1 统一数据传输体系

算法工具研发：传统数据分析算法研发通常为软件厂商代码开发，成本高、效率低，难以适配不断新增的需求以及行业特性。

本案例研究基于时序数据分析的数学模型，封装多类数据操作，规范数据类型和运算规则，研发了一套可由用户自由组态、敏捷部署的模块化算法工具，具备 49 个算法模块，使得无代码基础的技术人员能自主开发分析算法，形成算法中台，系统性部署了场景算法 1000 余条，并实现关键算法结论的可视化应用。

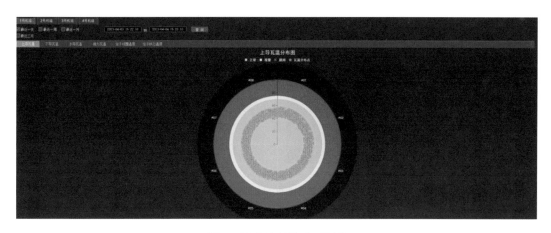

图 2　温度分析算法可视化

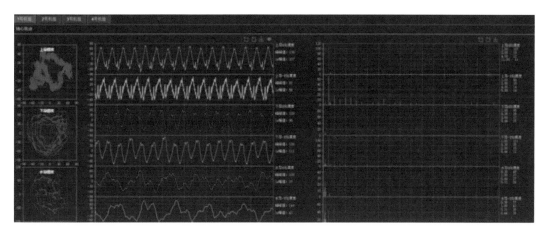

图 3　振摆分析算法可视化

智能算法研究及应用：创新应用机器学习技术，构建了基于长短周期神经网络的抽水蓄能机组状态评价融合及故障预测模型，改变传统机器学习需要大量负样本打标的方式。基于多电厂正常样本，利用 LTSM 训练得到了机组故障预测模型，实现关键物理量的趋势预判和安全边界计算，准确分析设备的安全状态。

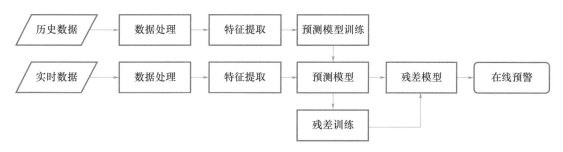

图 4　AI 模型训练与部署

智能预警和状态评价：基于上述算法和模型部署了设备智能巡检、预警和状态评价应用，涵盖数据对比分析、相关性分析、核心指标分析等，支持一键生成表单和报告，实现专业巡检机器替代 90% 以上。

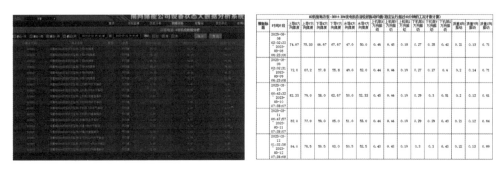

图5 巡检表单机器替代

图6 状态报告自主生成

研发智能"钻取"应用，实现从电站群至算法一线贯穿的钻取分析，使技术人员关注的范围从宏观的"面"快速下钻并聚焦到异常算法"点"上，实现技术人员既能快速评估系统总体状态，又能快速定位风险薄弱环节。

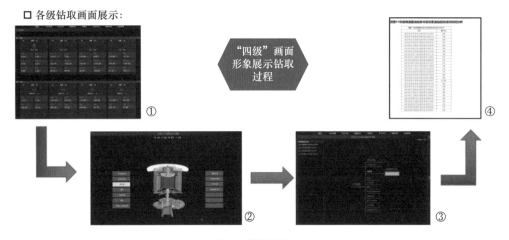

图7 智能钻取

推动业务数字化转型：提出并实现了基于大数据分析的设备运维管理模式，融合设备大数据分析与RCM检修策略优化决策体系，提升RCM决策的准确度，建立数据分析管理机制，常态化应用数据分析结果为运维决策提供支持，实现经验决策向数据决策的转变。

（3）创新组织和支撑保障

本公司组织成立了基于专业技术人员的数字化团队，保障了业务需求和系统开发的相统一，为该案例的成功建设和应用奠定了重要的组织保障。

04　应用效果

通过设备大数据分析及相应智能技术的应用极大地提高了企业的劳动生产率及设备稳定性，主要内容包括：

（1）提升设备可靠性。2022年通过本项目成果的应用提前发现并处置了可能导致机组启停失败的设备隐患近30次，公司系统在新增阳蓄、梅蓄7台机组投产商运的情况下，机组启动失败总次数仍较上年减少了7起，五级事件次数同比下降30%，对机组等效可用系数等关键指标的提升做出了卓越贡献。

（2）大力推进机器替代。基于案例的应用，专业巡检、设备状态分析评估工作的人工替代率达到90%以上，新增电厂的专业技术人员定额从12人减少至9人。

（3）推动设备运维方式的变革。技术人员通过远程云端就能查阅现场生产设备数据，并进行专业分析、缺陷分析、远程检修支持等业务，而无需再去现场，并且能通过算法分析工具及可视化界面快速获取数据结论、掌握设备状态，提升了设备运维的效率。

（4）设备状态自主评价。通过智能算法计算数据分析结果并自主定期生成设备状态数据分析结论及设备状态评价报告，实现对设备状态的自主评价。通过对设备健康状态进行主动感知，提前发现设备不健康运行状态，降低了设备故障损失和抢修成本。

成果输出推动行业进步。2022年与某抽水蓄能电站签订了该案例相关成果转化应用合同，获得成果转化收入300万元，同时推动了行业的整体进步。

变电站无人机智能巡检技术应用案例

成果完成单位：国网湖南省电力有限公司超高压变电公司
成果完成人：潘志敏　瞿　旭　李　游　刘卫东　邓　维　曾昭强　李国栋　章健军　周云雅
　　　　　　　周展帆

01　成果简介

国网湖南超高压变电公司以"安全可靠、实用高效"为目标，聚焦解决变电站无人机"自主巡、实时传、智能判"遇到的技术问题，聚力攻克变电站无人机巡检安全距离、航迹规划、移动机巢、特高压挂载、边缘识别等关键技术，搭建 OTN 和 5G 传输通道，制定无人机巡检标准规范，稳步推进无人机巡检的实用化、规模化发展。

02　应用场景

该案例填补了变电站无人机巡检行业的空白，解决了变电站开展无人机巡检缺乏安全距离、巡检方式、应急手段和技术标准等难题，研制出"一巢三机"模块化设计的移动式智慧机巢，研发多机协同控制系统，原创变电设备"分层划域"最优巡检策略，深化"无人机＋5G"技术融合，开发特高频挂载，实现多任务、多场景不间断巡检，推动无人机在变电站智能巡视的深化应用。其技术特色及创新点如下：

（1）国内首次开展变电站复杂环境下无人机巡检作业的安全距离仿真验算，得出满足变电设备无人机作业的安全距离。

（2）行业首创变电站复杂环境下无人机"分层划域"的最优巡检策略和智能航迹规划算法。

（3）研制出国内首套多机轮转放飞、自动更换电池的移动式智慧机巢，能指挥多台无人机多挂载协同作业。

（4）首度应用 5G 技术赋能，具备异常悬停、原路返航、低电量迫降等安全控制功能，实现远程应急处置。

（5）国内首次研制出无人机特高频局部放电检测装置。

（6）行业首次提出基于成熟的视频巡检图像识别技术开展无人机巡检图像识别算法模型研发，大幅缩短开发周期。

（7）牵头制定变电领域首个无人机巡检技术标准《变电站无人机巡检作业技术导则》，规范人员作业行为，推动变电无人机应用标准化建设。

03　解决方案

（1）推进"自主巡"实用化

① 开展变电站复杂环境下无人机巡检作业安全距离的仿真验算，通过仿真分析典型设备空间电场、磁场分布，试验得出无人机电磁场临界耐受值，确定作业安全距离，解决了巡检作业没有安全距离理论支撑的问题。

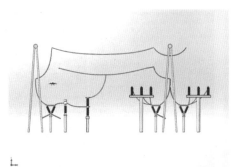

图 1　变电设备无人机巡检作业安全距离仿真验算与现场验证

② 原创变电设备"分层划域"最优巡检策略,按高、中、低三个维度,以"主干延伸间隔"的方式,安全规划无人机巡检路径,形成智能站和常规站航迹规划最优模式,解决了自主巡检没有成熟模式的问题。

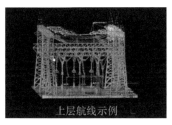

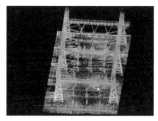

图 2　按"高中低"三个维度分层划域航迹规划

③ 研制出移动式智慧机巢样机,采用"一巢三机"模块化设计,智能机械臂自动换电,实现无人机的快速轮转放飞作业。研发多机协同控制系统,同时指挥 3 台 Mavic 2 和 1 台 M300无人机协同交叉作业,实现多任务、多场景不间断巡检。

图 3　移动式智慧机巢样机及多机协同控制系统

④ 研制无人机特高频局部放电检测装置,可全方位靠近 GIS、套管、互感器等变电设备开展特高频局部放电检测,解决传统地面检测方式存在的特高频信号衰减大、检测有盲区等问题。

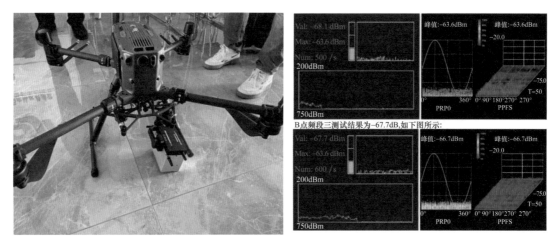

图 4　无人机特高频局部放电带电检测

⑤ 新一代集控和远程巡视系统率先开发无人机巡检模块，具备无人机巡检任务下发、实时视频回传、运行环境监测、就地缺陷识别等功能，解决自主巡检没有统一平台指挥调度的问题。

图 5　集控站远程巡视系统开发无人机巡检模块

⑥ 制定《变电站无人机巡检作业技术导则》，对变电站无人机选型、巡检条件、巡检准备、巡检作业、异常状态处置等作出规范要求，解决巡检应用没有技术标准支撑的问题。

图 6　制定《变电站无人机巡检作业技术导则》

（2）实现"实时传"全贯通

① 公司采取"内外网结合，双通道并重"的方式，完善智慧变电站网络传输架构，对所有变电站（换流站）进行内网OTN千兆通道改造，同步建设4座站5G专网通道，并行搭建两条千兆"高速通道"，解决了多年来因带宽受限"卡脖子"的顽疾，实现无人机巡检视频、图片、缺陷等数据的实时传输和分析计算。

② 打通内网信息大区（Ⅳ区）的5G APN专网通道，应用5G切片技术，经安全网关接入内网，安全性、稳定性更有保障。深化"无人机＋5G"技术融合，开发异常悬停、航、原路返回低电量迫降等安全控制功能，实现远程应急接管控制。

图7　基于5G技术的无人机巡检远程控制功能

（3）取得"智能判"新突破

公司研发变电无人机巡检图像识别融合算法，开发变电典型缺陷算法模型15类，搭建无人机巡检边缘识别平台模块，具备算法训练、模型管理、样本管理、推理识别、云边协同等核心功能，以边缘物联代理延伸至站端部署，实现"任务执行—数据分析—报告生成"全业务的闭环。

图8　开发变电典型场景缺陷识别模型15类

31

04 应用效果

（1）管理水平：变电站无人机智能巡检技术的应用成果作为湖南公司变电无人机巡检典型示范案例在系统内推广，目前已在国网湖南超高压变电公司和长沙供电公司17座220千伏及以上变电（换流）站规模化推广应用，500千伏古亭变创国网规模化推广示范变电站，1000千伏潇湘特高压建成无人机智能巡检样板间，有效地促进了机器替代人工巡检，有力地推动了"两个替代"建设落地。

（2）生产效率：变电站无人机巡检已替代运维人员开展高空设备日常巡检和红外测温工作，实现变电设备无人化巡检模式应用，大幅降低了人员劳动强度，规避了高空作业风险，提高了设备巡视智能化水平。

（3）经济效益：无人机巡检实现变电设备全方位、立体化巡检覆盖，替代人工、机器人巡检，减少视频投入数量，大大节约了投资，巡检覆盖范围提升70%。相较于机器人投入，约节约装备投资30万元/站。

（4）社会效益：开展变电站无人机智能巡检的研究应用，可实现远程设备监视、自动测温等功能，代替传统人工攀爬巡视，能够打破空间限制，大幅降低现场作业风险，提高设备运维效率，保障电网及设备安全可靠运行，保障了人民生产生活安全用电。

云南电网变电生产指挥中心智能运维典型案例

成果完成单位： 云南电网公司生产技术部，云南电网公司电力科学研究院云南电网公司昆明供电局，云南电网公司曲靖供电局

成果完成人： 王　欣　熊西林　卢　勇　龚泽威一　李芳洲　李　昊　曹占国　王泽朗　王　山
　　　　　　　张　粥

01　成果简介

针对设备状态感知难、设备智能化水平低、数据价值提取难、管理和运维手段少等生产数字化转型痛点问题，以生产指挥中心建设为抓手，推动电网数字化转型，实现设备状态的数据采集及高效应用，实现设备智能化以提升企业效率，加强数据分析手段和硬件资源以加速数据价值的提取，实现系统化和全生命周期管理，为电网的稳定运行提供坚实保障，最终实现设备状态全感知、生产业务全透明，助力云南电网有限责任公司本质安全型企业建设。

02　应用场景

（1）智能型巡视，利用固定摄像头点位多、稳定性高，实现站端大部分点位覆盖；机器人移动灵活，实现设备中低处和带红外的点位覆盖；无人机高空作业，实现高处无遮挡和红外覆盖的"三位一体"联合巡检。由统一的平台下达巡视任务，分配各智能终端开展巡视，巡视完成后，各系统将巡视结果输出到统一的平台，开展应用分析及巡视新模式探索。

（2）在线监测，通过数据挖掘与分析，全面实时掌控设备状态，并实现三维可视化展现，结合视频分析和人工智能识别算法，实现变电站及周边环境的智能识别，达到精确监测、实时预警的效果。

（3）智能操作，组合电器、隔离开关位置"双确认"辅助判断，介入之后运行人员无需到站确认设备在线状态，程序化操作实现"误操作风险"和作业风险双管控，操作效率提升近90%，倒闸操作从此进入"秒"计时，迈进"智"时代。

（4）状态检修，生产指标线上自动生成、实时更新、层层穿透，落实设备运行方案、预试检修计划，落实防主变突发故障、防断路器拒动、防站用交直流故障等工作方案，公司五年来

首次实现110千伏及以上变压器故障"零损坏"、110千伏及以上开关"零拒动"、110千伏及以上站用交直流系统"零故障"。

03 解决方案

（1）整体思路：紧跟国家工业发展战略，结合生产指挥中心智能运维，定位"辅助决策支持中心、业务管控中心、运行分析中心"，围绕"电网管理数字化、生产业务数字化"两大主线，围绕"三横三纵"开展生产指挥中心建设，"三横"即变电、配网、防灾减灾三大核心业务场景，"三纵"即数据资源、专业算法、组织模式三大核心要素。

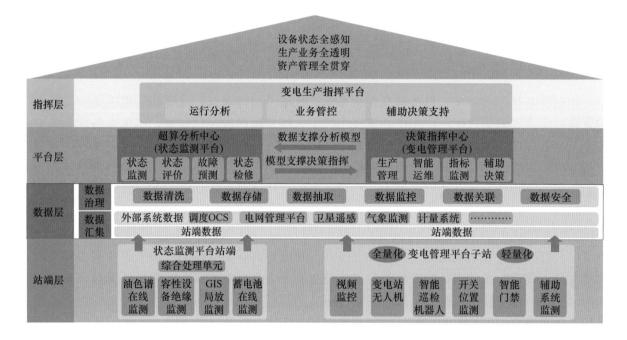

（2）目标和原则：变电生产指挥平台是云南电网有限责任公司变电专业数字化转型和智能化建设的唯一载体，也是支撑公司变电生产指挥中心履行设备运行分析、生产业务管控和辅助决策支持职责的专业应用平台，平台横向融合变电生产设备、作业、人员、环境数据，纵向穿透省、地、所、巡维中心、变电站数据应用，聚焦"巡维操监控"和检修"测评诊修"核心业务，赋能生产，提质增效，增强变电专业设备管控力和管理穿透力，最终实现设备状态全感知、生产业务全透明、资产管理全贯穿，助力云南电网有限责任公司本质安全型企业建设。

（3）重点创新内容实施：一是深入开展预试定检、带电检测、在线监测等试验数据挖掘与分析，全面实时掌控设备状态；二是接入调度OCS遥信遥测数据，开展调度数据应用场景的建设，实现主变重过载和CVT电压分析等应用；三是通过视频分析和人工智能识别算法，实现变电站及周边环境监测预警分析；四是开展变电站三维全息建模，实现了设备、巡检点、缺陷等全景信息的精确定位和三维可视化展现；五是推进业务穿透管控能力，建设变电生产运行指标和"一屏总览"，实现生产业务管理透明化；六是强化辅助决策能力，建立主设备故障概率评估模型，建立设备多维度问题库关联大修技改项目评审，开展设备动态评价和运行状态分析，提供设备检修开展的决策建议。

（4）创新组织：推动组织机构进一步优化调整，以技术推动管理变革，成立智能运维班，运用智能化手段全面实现发现问题、分析问题、解决问题，实现"三位一体"全面提升设备管控力。

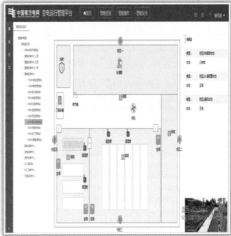

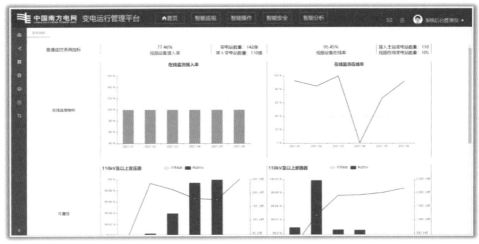

（5）支撑保障：项目邀请到徐宗本院士、李立涅院士、束洪春专家作为专家组成员支持工作，并由云南电网有限责任公司数据挖掘分析及电力设备管理相关经验丰富的专业人员组成项目组开展工作。

04 应用效果

基于"巡维操监控"业务，以数字化、智能化的工序，匠心打造南方电网首个"全功能巡维中心"和"智能巡视示范区"，两个示范区实现劳动生产率 2 万元/人年的提升。通过开展智能技术区域性统筹建设及集成应用，建成全网首个满足"巡、维、操、监、控"核心功能的"全功能巡维中心"，巡维效率提升 30%、运维质量提高 20%、操作效能提升 50%、到站配合次数减少 15%。通过 17 家供电局的应用，已完成 22438 项固有风险及隐患排查，应用数据融合推进管理方式，同时，已完成 6382 项变电运行方案跟踪、一事一分析、故障排查等管理的有效开展。自 2020 年通过成果转化共向供电局销售合同金额 1996.19 万元，2021 年通过成果转化共向供电局销售合同金额 1703.19 万元，2022 年通过成果转化共向供电局销售合同金额 1218.58万元；通过成果的应用，全面监控变电站运行状态，有效监测缺陷和隐患，及时消缺，提高供电质量和用电用户满意度。按照"四个一"（设备状况一目了然、生产操作一键可达、风险管控一线贯穿、决策指挥一体作战）的指导思想，优化调整变电业务，使变电运行员工减负诉求得到满足，打造高质量的智能巡检流程，并通过变电智能巡维工作的实施，降低了安全风险，保障了电网的人身和设备安全。

变电站巡检机器人巡视质量效果提升技术及应用

成果完成单位：国网山东省电力公司，国网山东省电力公司淄博供电公司，国网智能科技股份有限公司

成果完成人：吕俊涛　邢海文　乔　木　刘故帅　潘向华　任敬国　戈宁　孙　磊　裴　淼　李建祥

01　成果简介

变电站巡检机器人能够替代人工开展表计识读、设备测温等工作，但受制于技术原因，机器人仍存在运行不稳定、感知能力不强、识别率不高等问题。为提高机器人的巡视质量效果，本案例深入分析了制约机器人运行稳定性的因素，从机器人定位导航、充供电组件、结构工艺、本体和识别算法等角度进行技术研究和开发应用，提高软硬件性能，优化本体算法和识别算法，有效提升了机器人在变电站室外场景的巡视质量效果。

02　应用场景

（1）应用场景

变电站智能巡检机器人基于机器人技术、电力设备非接触检测技术、多传感器融合技术、模式识别技术、导航定位技术以及物联网技术研发，能够实现变电站全自主智能巡检和监控，如设备红外测温、设备外观状态识别、设备缺陷管理报警等功能。变电站智能巡检机器人能有效地降低劳动强度，替代人工完成变电站设备巡检工作，降低变电站运维成本，提高正常巡检作业和管理的自动化和智能化水平，为智能变电站和无人值守变电站提供创新型的技术检测手段和全方位的安全保障。

图1　机器人在变电站执行巡检任务

（2）特色及创新点

变电站巡检机器人主要有四大特点，分别为：一是导航组件统一升级为32线3D激光雷达，垂直检测角增大到70°，增加IMU、GPS等辅助传感器，因环境变化造成的定位导航故障降低80%；二是提升充供电组件性能。优化机器人充供电系统，充电箱增加冗余充电回路，机器人增加电池管理（BMS）功能，充供电可靠性提升35%，提高机器人生存能力；三是提升越障能力和运动灵活性。机器人统一升级为四驱独立转向底盘，实现原地转向和全向移动，越障能力提升60%。机器人本体采用模块化设计，方便拆装，运维时间缩短30%；四是针对油位计等不易识别的对象，改进算法环境适应能力，油位计准确率提升到85%以上，数字表的识别率提升到95%以上，泄露电流表的识别精度提升到88%以上。

03 解决方案

变电站机器人存量产品越来越多，但因各种原因造成的不稳定问题仍有出现，运维工作量大。本案例解决的核心业务问题为机器人系统稳定性问题，包括功能和性能提升等方面，以降低运维量，切实提升机器人巡视质量和效果，盘活存量机器人资产。主要思路是通过硬件改进和本体算法优化，提升机器人运行的稳定性。优化识别算法，可提高设备运行状态、各类仪表的识别率。

（1）采用 3D 融合激光导航，增强环境感知能力和适应性

一是采用带惯导的高精度差分北斗系统和激光雷达组合导航，实现了大规模、高一致性三维地图构建。设计基于面片特征地图的实时定位技术，基于帧特征描述子的全局重定位技术，解决了机器人迷航后的位姿找回问题，提升了机器人的场景适应性，保障了机器人自主安全可靠运行。

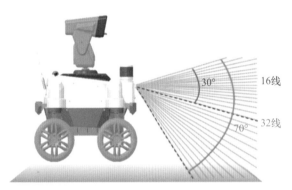

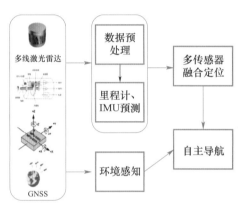

左图：导航组件升级为 32 线 3D 激光雷达，感知范围更大，检测细节更丰富，增强环境感知能力

右图：融合定位导航，解决单一定位导航导致的迷航、定位精度低等问题

二是采用基于深度学习的可通行路径提取及立体障碍物感知技术，增强了机器人的灵活停障与智能避绕障功能。采用智能决策规划技术解决了机器人在巡检过程中因围挡、临停车辆等阻断巡视路径引发的长时间待机问题，提升了机器人的场景适应性，保障了机器人自主安全可靠运行。

（2）增加电池 BMS 管理系统，提升充供电组件性能

一是针对本体供电故障，采用在本体电源管理板增加供电软保护，接入电池 BMS 信息，实现机器人本体电源系统的过载、过压保护措施，提升机器人电源系统的安全性，通过电池 BMS 信息实现电池全生命周期的精细化管理，对接近寿命期限的电池提前产生预警信息。

左图：机器人本体增加电池管理功能（BMS）

右图：充电箱增加一主一备冗余充电器

二是针对巡检机器人充电箱故障，采用工业级充电器代替现有充电器，并且充电回路采用一备一用的冗余设计，分时使用两个充电器，保证机器人的充电稳定性，实时将充电器使用状态上传上级系统，提升运维效率。

（3）采用全向四驱和模块化设计理念，提高本体运动防护能力

一是对机器人各功能组件设计初期进行模块化切分，如对四组驱动组件与本体框架解耦设计，对各个驱动组件安装和连接的机械、电气接口进行保准化，具备快插拔易更换的能力。在设计机器人的运动平台时预留拓展功能接口配置，方便加装双光相机云台、气体传感器、温湿度传感器等的标准固定支架。

机器人模块化设计　　　　　　　　机器人防水试验

二是机器人整机 IP 防护提升，包括对机器人图像组件、云台底座、云台底座防水壳与主壳体之间、主壳体调试门进行了全新密封结构设计，在兼容散热需求的同时设计采用合适的密封材质，通过验证达到户外长期应用需求。对机器人本体板卡的接线端子、线缆材质、线束固定方式进行了标准化操作，保证了线缆通信、电力输送的可靠性。

（4）研究基于深度学习的识别算法，扩展识别类型、提高识别准确性

一是针对轮式机器人室外巡检过程中易受光照、阴影、设备朝向等多种因素影响导致设备读数精度下降的问题，使用深度学习技术训练表计设备关键特征提取模型，结合设备先验信息实现表计设备精准读数，提高表计读数算法的鲁棒性；二是针对红外图像清晰度易受红外热图中的温度噪点、太阳光照等因素影响导致红外图像整体模糊的问题，对红外热图中的温度分布范围进行分析统计，利用局部阈值处理，去掉红外噪点，避免环境因素对红外图像清晰度的影响。

（5）加强组织和支撑保障措施，确保提质增效

组织上，成立机器人质量效果提升专项工作小组，指导各项工作推进。建立机器人质量提升评价机制，对机器人软硬件技术升级方案进行评审，对改造、接入、验收、运维等各阶段进行管控。聚焦机器人软硬件升级、系统接入，积极联系各公司通过技改、大修、费用化项目等多种渠道，逐项落实资金确保专项工作进度和成效。

04　应用效果

（1）管理水平方面，机器人运行质效提升后，实现了较为稳定性的电力设备全面巡检，减少了人工巡检的疏漏和盲区，提高了巡检的准确性和可靠性。自动记录和上传巡检数据，方便管理人员进行数据分析和决策，提高了管理水平和决策效率。

（2）生产效率方面，机器人可以实现设备的快速巡检和故障诊断，减少了巡检和维护的时间和成本，提高了生产效率和设备的可用率。此外，还能够实现对设备的远程控制和操作，减

少了人工操作的风险和安全隐患，提高了生产效率和安全性。

（3）经济效益方面，机器人进行稳定性提升后，大大提高了巡检效率，降低了变电站运维成本，扩大了巡检机器人应用范围。通过机器人的高频率应用，可以减少巡检人工，实现降本增效。

（4）社会效益方面，机器人的稳健性提升，可有效代替人工应用保障变电站设备和电网安全稳定运行，降低电力设备的故障率，保障对电力对经济稳定性的能源供给，减少各类因停电造成的社会风险。

（5）生态效益方面，机器人的稳定运行减少了人力资源的浪费，降低了对自然资源的消耗。及时发现设备故障，避免了因设备故障而导致的能源浪费和环境污染。此外，机器人非接触式巡检更加精确、高效，减少对自然环境的干扰和破坏。

基于 AI 降噪技术的无人机局部放电成像巡检

成果完成单位： 国网山东省电力公司，国网智能科技股份有限公司，国网山东省电力公司枣庄供电公司，国网山东省电力公司威海供电公司

成果完成人： 隗　笑　吴　见　李　放　张　飞　苏国强　裴秀高　张曙光　刘　宝　刘　越　彭全利

01　成果简介

通过稀疏阵列设计加遗传算法减少麦克风数量，降低设备重量和功耗，满足无人机挂载要求；借助无人机平台采集配电巡检现场声纹、图像信息，通过 CNN 模型分析现场图像识别配电设备，在 MFCC 特征中加入放电先验知识分离特定频域有效声纹实现降噪；设计硬件声学透镜结构，屏蔽无人机噪声，优化降噪方案；通过波束形成算法定位声源，网格化计算现场声压形成全息彩图，叠加可见光图像实现无人机高效局部放电（简称"局放"）成像巡检。

02　应用场景

当电气设备发生局部放电时，空气因局部高强度电场作用，会出现电离现象。该过程伴随产生微小的热量，通常可见光、红外巡测不能发现，局放巡检可以快速排查输变配设备的此类绝缘缺陷，实现治"未病"目标。

当前，声学成像技术取得了突破性进展，手持局放成像设备逐渐得到应用，但因其重量较大，准确度受距离和角度等限制。特别是山区、跨越江河以及在恶劣天气、水灾等环境下特巡，不具备有利的巡检地理优势，运维人员通过听声或手持局放成像仪近距离局放检测人力成本高，巡检质效低、困难系数大，某些区域甚至难以完成巡查任务。

本案例通过整合无人机平台机动灵活优势，通过 AI 技术实现智能降噪，提升局放成像性能，实现高效快速地毯扫描式局放成像巡检，可有效地克服地形限制，扩大巡检范围和巡检效率，快速锁定放电部位，发现设备局放隐患，在配网线路设备故障前期消除缺陷隐患。无人机局放巡检是对无人机巡检技术应用场景的拓展，是对传统人工巡检方式的升级，能够有效地发现设备放电隐患，对于压降配网频繁停电有明显的作用。

03　解决方案

（1）案例思路

通过降低麦克风数量，使用 AI 技术优化图像、语音推理识别功能，融合软硬件滤波等技术手段实现无人机局放成像巡检应用。

（2）案例目标

整合无人机"机动灵活、零盲区、高效率"的优势，实现配电线路快速地毯式局放成像巡检，遥控器端直接呈现局放故障部位，故障前发现设备缺陷隐患。

（3）创新内容

利用稀疏阵列设计配合遗传算法缩减麦克风数量，降低局放成像传感器重量和功耗，满足轻小型无人机的挂载要求。

通过 CNN 模型识别巡检现场配电设备，以 AI 技术指导局放模块选择性屏蔽声源、自主变

焦锁定目标物。

通过大量放电声纹训练模型获得放电声纹特征，在 MFCC 特征中加入放电声纹先验知识，分离特定频域声纹进行分析研判。

软硬件滤波，采用最优小波包信号重建方法，提高原始信号在特征空间中的聚合性和可解释性，实现环境噪声最优过滤；设计声学透镜结构，屏蔽无人机自身螺旋桨噪声。

使用波束形成算法定位声源，网格化计算现场空间声压，形成声压分布全息彩图，叠加可见光图像定位局放部位。

开发无人机载荷接口，完成成像模块能源供给、遥控遥测等功能，全面打通无人机数据链路，将局放巡检图像实时显示到遥控器端，只需飞手一人即可实现高效便捷局放成像巡检。

（4）实施方案

无人机飞至待测部位斜上方，以 45°方向向下俯视检测，如下图所示。

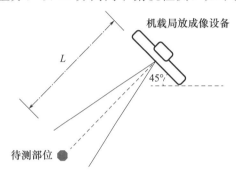

检测方式示意图

遥控无人机由远及近开展检测，调整检测距离 L，一般情况下 L≤10 米可以发现局放故障点，为保障线路及无人机安全，设定 L≥2 米，禁止无人机进入导线间、导地线间飞行。

发现局放故障点后，采用多角度环绕检测方式进一步确认故障点部位。

现场局放检测缺陷，并形成巡检报告。

局部放电故障现场图像

局部放电成像巡检现场

04 应用效果

（1）管理水平提升：对于可见的配电设备缺陷、发热故障已有成熟的检测技术，不可见的局放缺陷巡检手段不够成熟。通过 AI 降噪有效地整合无人机和局放成像技术，不仅可以灵活机动地扫描式检测局放故障，还能够快速精准地锁定放电部位，大大提高巡检效率和质量，提高了机巡感知维度，丰富故障巡检场景，推动了配网运维数字化转型。

（2）生产效率提升：充分发挥无人机自主巡检技术优势，通过 AI 技术优化机载局放成像，实现无人机自主多技术手段精细化巡检，全面覆盖配网常见故障，提升巡检效率、保障巡检安全，实现机巡替代人巡，用科技手段为一线提效减负。

（3）经济效益显著：自 2022 年 1 月 15 日应用以来，在枣庄、威海等地区配网巡检一线现场局放成像飞巡 344 次，发现局放故障点 89 处，局放检测消缺实现治"未病"目标，减少故障跳闸 7 次，有效地降低了设备运维费用，提高了经济效益。

基于"光储充控"的虚拟电网建设

成果完成单位： 国网山东省电力公司沂南县供电公司，中国矿业大学（徐州），东方威思顿电气有限公司

成果完成人： 赵宪国　王明剑　夏晨阳　高寿梅　隋　超　周文革　吕炳霖　张佳云

01　成果简介

研制新型逆变器，实现光伏、储能一体化逆变，减少并网点。增加智能控制模块，实现充电接口预留，对分布式电源远程实时监测和控制。基于大数据、边缘计算等技术的高效分布式储能控制系统，通过研究设备终端和中台系统，电动汽车增加储能容量，实现收益再扩大。电价激励推动分布式能源参与负荷调控，做到分布式能源可测、可调、可控，在投资最少的情况下，提高配电网对光伏并网的消纳能力，提升电网运行质量。

02　应用场景

分布式问题分布式解决。分布式光伏通过储能实现光伏电能负荷平移，在保障电网安全运行的前提下，将白天平段光伏电量转移到夜间用电高峰期并网，既可有效地解决白天的过电压，又能有效地解决夜间由于负荷增长导致的线路末端低电压的问题，更重要的是峰段电价高于平段电价，时间差造就经济差。通过经济效益增加换来的分布式电网调控，控制起来将更加容易被接受，因此电网调控也将更加平稳。

分布式能源可调可控参与负荷响应。目前大量用户侧可调节资源尚未纳入电力系统可调控范围。基于分布式光伏单独计量方法，是实现智能终端精准测控的有效手段。通过智能终端精准测控，可以根据设定的电压保护阈值，自动控制并网与解列，或者根据保供电、停电检修等工作需要，在增加电站投资者收益的前提下规模性地停电/送电，参与削峰填谷等负荷调整响应，并自动形成明显断开点。

创新点：

（1）通过加装智能控制模块，实现对分布式能源的实时可测、可控；

（2）实现断电逆变器隔离刀闸自动断开，减少因反送电造成的人身伤害事故；

（3）实现逆变器、充电桩、直流电源一体化设计，多功能一体化整合设计。电动汽车可以接通逆变器，增加储能容量，降低电动汽车的用电成本；

（4）改变了以往分布式电源无法参与负荷调控的局面。

03　解决方案

（1）整体思路

控制系统通过5G网络联络控制装置，将全域内的所有分布式光伏电站的实时数据进行采集，并在后台统一设定控制机制，如集中停电/复电、电压保护机制、储能放电控制机制等，从而实现由单体控制到宏观规模化控制的转变，构建电力系统、本地系统、电力用户的三级架构。如图：

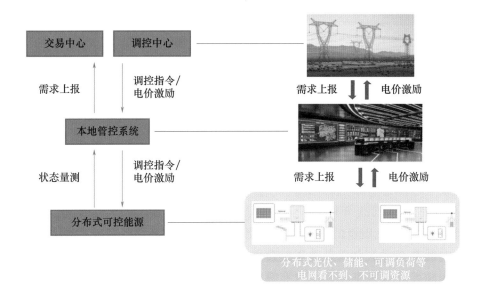

（2）目标原则

基本原则是分布式的问题分布式解决，集中式储能解决不了分布式光伏带来的问题。其目标一是增加分布式电站投资者的收益；二是分布式光伏/储能纳入负荷响应范围；三是通过该模式基本解决光伏引起的过电压、重过载问题；四是分布式解决光伏、储能、充电桩引起的一址多户、多计量问题。

（3）基本做法

综合管控系统中台的搭建：实现跨专业综合控制，打破专业壁垒，集合营销的运行数据、运检的设备数据、调控的控制保护数据；数字化供电所的建设：供电所处于分层管理中间层，可以实现将电网设备、分布式光伏实时状态在供电所层面做到数字化管控的目标；光储结合实现负荷平移：通过储能实现光伏电能负荷平移，时间差造就经济差，通过经济效益增加换来的分布式电网调控，智能终端实现安全可调。通过智能终端精准测控，可以根据设定的电压保护阈值，自动控制并网与解列，或者根据保供电、停电检修等工作需要，规模性停电/送电，并自动形成明显断开点。

（4）创新组织

建立三层组织架构，可持续管理办公室负责总体调度，电网负荷班将电价激励政策和负荷响应进行总体调度并执行，并负责对日常分布式能源的整体动态进行监测，供电所执行反馈。

（5）支撑保障

外部资源方面，由公司与中电联、中国电科院、中国矿业大学等部门开展合作；内部资源方面，向主要领导汇报，由分管领导亲自协调，组织部、财务部、物资部等部门配合解决"光储充控"综合管理的技术培训、人才队伍、服务咨询、物资供应、信息支撑等资源配置，将新能源消纳率、线损率、电压质量、供电可靠率等可持续管理工作纳入公司绩效考核。

04 应用效果

（1）经济效益

据预计，2023 底，沂南县供电公司辖区共计有低压光伏 27901 户，总容量 60.94 万千瓦。2023 年 8 月—12 月份城网综合电压合格率完成 99.995％，低压电压合格率指标完成 99.11％，电能质量管控指标完成值排名临沂市九县第一名。按单项因素直接测定法计算线损改良带来的经济效益，沂南供电公司平均每年增加收入约 621 万元，其中 2023 年效益额达 724.8 万元，减少因光伏、储能重过载治理投入电网改造资金 1400 万元。

（2）环境效益

光伏开发建设可有效地减少常规能源尤其是煤炭资源的消耗，保护生态环境，平衡能源的单一供给，减少温室气体排放，每一度电能平均消耗标煤 0.00035 吨，而燃烧一吨标煤排放二氧化碳 2.6 吨。一个容量为 1891.7 万度电的光伏，首年可节约标准煤 6621 吨，减排 CO_2 为 17214 吨，通过换算总寿命光伏周期内可节约标准煤 150567 吨。总减排 CO_2 为 391473 吨。由此可见，"光储充控"为节能减排带来的环境效益非常巨大。

（3）社会效益

至 2023 年 9 月底比 2022 年同期投诉下降 30％。2022 年公司 95598 供电投诉数量（49 起）同比 2021 年涉及供电电压质量的 95598 供电投诉数量（371 起）下降约 87％，供电质量投诉数量大幅下降。2022 年度公司消除低电压、过电压用户数达到 4.9 万户，优质服务质量得到明显提升。公司的优质高效服务使光伏、储能发电企业满意率大幅提高，展现了良好的企业形象。此外，通过协同管理，在巡查公司设备的同时，协助个人光伏用户、企业光伏用户升级更换"光储充控"一体化终端，全年降低由光伏原因导致的不安全事件次数达到 100％。

基于无人机规模化应用的全业务数字化支撑体系构建

成果完成单位： 国网江苏省电力有限公司兴化市供电分公司，众芯汉创（江苏）科技有限公司

成果完成人： 贾　俊　刘　玺　王如山　陈　诚　潘煜斌　杨振伟　张淏凌　潘劲松　刘静涵
　　　　　　　钱　涛

01　成果简介

基于国家电网数字化转型战略与全方位立体智能巡检体系建设要求，扎根电网运检一线战地，泰州兴化供电公司紧密围绕数字化转型战略，聚焦"赋能、创新、减负、提效"，立足兴化地区从特高压1000千伏至低压400伏全电压等级全覆盖实际，以打造无人机县域全覆盖自主巡检为突破口，构建基于无人机规模化应用的全业务数字化支撑体系，利用数字新技术，提升无人机电力巡检质量和效益，实现无人机网格化自主巡检的规模化应用。

02　应用场景

（1）构建无人机网格化最优巡检模式

① 业务场景

a. 传统无人机巡检业务模式下，输、变、配等各专业存在专业壁垒，各自独立开展巡检，同一区域各专业人员重复往返，巡检策略单一，人力物力消耗大。

b. 各专业巡视时按单条线路往复式巡检飞行，存在较多无任务状态的空飞路径，存在资源浪费大、巡检质量效益低的问题。

② 创新点

依据区域内不同专业、不同电压等级的设备航线和台账信息，利用人工智能优化算法实现多专业复杂场景智能最优巡检路径规划，达成网格化最优巡检目标。

（2）降低无人机巡检业务实施门槛

① 业务场景

传统无人机巡检作业，虽已实现依据原有航线自主巡检，但巡检装备准备依靠个人经验判定，巡视任务生成、任务下达作业环节多，飞行控制操作复杂，上手难度高，需要有经验的专业人员才能流畅操作，巡检照片归档及处理依赖人工。

② 创新点

根据巡检需求，通过网格化最优巡检算法规划出最优巡检方案，包含最优巡检航线、放飞点位置以及所需携带设备，实现一键起飞。所有巡检业务实现全程线上自动流转，作业门槛大幅降低。

03　解决方案

（1）构建无人机网格化最优巡检模式

① 航迹碎片化重组。将各专业无人机原始巡检的航迹数据打断，提取设备航线片段，形成与台账数据一一对应且包含坐标位置、航点属性等信息的全新航迹碎片，将这些航迹碎片排列组合形成巡检方案。

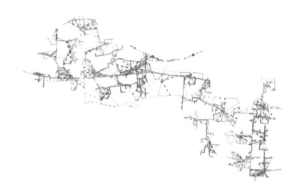

图 1 航迹数据解列重构

②最优路径规划。以蚁群算法为基础研究网格化最优路径规划模型，根据具体巡检任务内容，重组生成新的无人机巡检航迹轨迹数据信息，最终形成最优策略，输出设备对应的无人机巡检路线，打包成工单下发给无人机执行。

③网格化协同巡检。利用电网一张图地理及全量设备位置信息，叠加网格巡检业务图层，通过整合各专业台账和航迹数据等资源，打破传统无人机巡检单一专业执行的模式壁垒，实现由"巡线"到"巡面"的转变。同时实现按设备树勾选、行政区域选择、图形自定义框选等多种方式划定巡检任务范围，选定"最短巡检时长、最大巡检量、最少巡检资源消耗"等目标优先级，全面突破自主决策、多机多任务协同等一系列技术瓶颈，实现跨专业设备协同巡检。

图 2 网格协同巡检

（2）降低无人机巡检业务实施门槛

①飞行资源精准预测。通过网格化巡检算法实现巡检消耗资源精准预测，输出巡检任务所需的人员、无人机、电池、时间等资源量。操作人员据此做好巡检装备准备。

②任务本地模拟与线上流转。网格化算法生成的任务可在电网一张图上动态模拟，实现消耗资源与作业流程直观可视。任务派发至作业移动端后，操作人员下载任务并根据算法提供的坐标导航至放飞点一键执行。

③数据自主命名归档与缺陷闭环。通过巡检任务精确关联设备，辅以航迹点位校验复核，对无人机设备巡检数据进行自主精准命名归档，开展设备缺陷标注完成检修消缺闭环。

④实现电网一张图和实体电网数据即时一致。无人机巡检基础数据台账中的信息与现有PMS3.0数据关联，通过研发的轻应用程序化逐杆核对无人机与PMS3.0数据差异并输出，完成设备单线图自动对比纠偏，确保数据可用、可信，提升数据服务能力，实现数据治理和同源

维护自动化，解决原有靠人工至现场核图带来的更新不及时、准确性不高的问题。

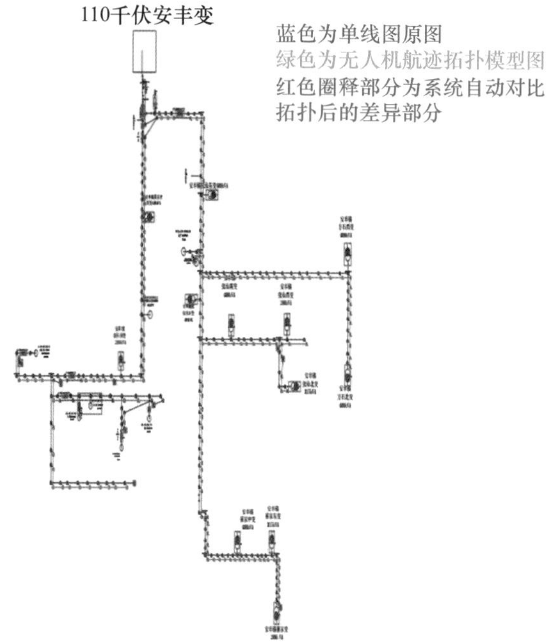

图 3 无人机巡检数据同 PMS 数据单线图校核

04 应用效果

（1）管理效益

有效转变巡检模式。成功构建县域无人机全专业融合网格化智慧巡检新模式，打破传统无人机巡检单一专业执行的模式壁垒，全面实现无人机巡检"五化"转型，即专业一体化、业务在线化、处理智能化、效率最优化、全景数字化。无人机巡检覆盖率 100%，自主巡检率 100%，网格化巡检率 100%。

显著提升巡检质量。本年度巡检累计发现缺陷 96495 处，其中一般缺陷 92933 处，严重缺陷 3543 处，危急缺陷 19 处，缺陷发现率同比提升 68%。通过精准靶向消缺，显著提升了设备可靠性，用户平均停电时间同比下降 37.64%，故障停电时户数同比下降 55%。

（2）经济效益

以目前兴化划分为 17 个设备运检区域，原先单一区域需要 5 人协助完成巡检，现缩减到只需 1 人。常规巡检模式与网格化巡检模式总工作用时，经过测试对比如下：相比常规巡检模式，人员转场次数下降了 60%，总飞行时间下降了 39%，若网格化巡检基数、架次越多，提效成果越显著。

综合计算，输变配运维减少人工量约提效约 50%、减负约 30%，节约年均运维人次约 54人，以泰州市城镇职工平均年薪 11.1568 万元计算，节约综合经济价值约为 602.46 万元。按照兴化公司全民用工人数 267 人进行计算，共计产生经济效益 25283 元/人。

基于前端识别与自主避障的配网无人机自主巡检

成果完成单位：国网江苏省电力有限公司泰州供电分公司，中科方寸知微（南京）科技有限公司

成果完成人：刘　玺　刘利国　蒋承伶　王茂飞　缪　凯　蒋中军　陈海洋　刘　东　潘煜斌　钱　晖

01　成果简介

通过研究前端识别技术和自主避障技术，研发基于中型多旋翼无人机和国产机载模块的配网无人机自主巡检产品，实现配网全流程自适应巡检，大幅度降低了运维成本，实现巡检作业模式少人化、无人化转变，实现科技减人的目标。全面提升配网无人机巡视远程化自动化水平。项目研究成果对于日常运维检修及配电线路工程作业现场安全管控具有重大意义。

02　应用场景

本项目适用于电力行业的配网线路巡检的应用场景。

针对配网巡检作业环境复杂的特点，研究无人机搭载基于毫米波雷达自主避障＋视觉自主避障方案，实现配电线路通道中障碍物的识别与避障路线的自主规划，从而规避无人机在线路外飞行导致触碰障碍物的情况，极大地提高了配网巡检作业的自主性、安全性和智能化水平。通过应用无人机配网前端在线智能识别和缺陷检测算法、模型轻量化技术，实现算法和模型在机载轻量级设备、遥控器、手机上的运行，实现无人机前端在线设备识别和缺陷隐患检测，现场完成报告生成等功能，解决当前作业模式中需要大量人力参与、作业效率低等问题。

创新点如下：

通过深度学习与轻量化模型技术，在飞行过程中无人机可实时检测视野前方的树木与障碍物，通过动态轨迹调节实现无人机择优绕障路径规划，解决了飞行过程中无法根据作业现场进行自适应性调整的问题。

通过无人机＋边缘计算模块的硬件组合＋AI智能识别的软件系统提升现场巡检和缺陷处置效率，大幅降低了运检人员的劳动强度及运维成本。

03　解决方案

（1）整理案例思路

无人机飞行平台最主要的系统分为飞行动力系统和飞行控制系统。另外，平台搭载有多传感器数据采集系统，如：图像数据采集系统、自主避障系统、定位定姿系统和国产机载嵌入式计算系统。

图 1 项目结构图

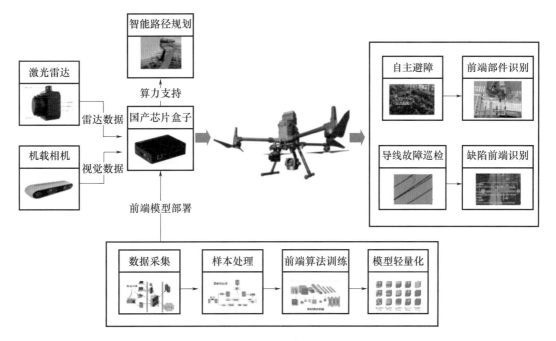

图 2 实现路径图

（2）目标

研发基于中型多旋翼无人机，搭载国产芯 AI 机载模块，完成前端识别算法，激光雷达算法部署。无人机基于视觉识别配网杆塔、塔头，完成目标搜寻，目标导航。融合激光雷达避障算法，实现配网巡检全流程自适应巡检。产品无需提前扫描激光点云、不依赖 RTK 信号、不需要提前规划航点、作业灵活、前端缺陷识别、现场完成报告生成。

（3）重点创新内容实施（基本做法）

针对配网巡检作业环境复杂的特点，研究无人机搭载基于毫米波雷达自主避障＋视觉自主避障方案，通过深度学习与轻量化模型技术，在飞行过程中无人机可实时检测视野前方的树木与障碍物，通过动态轨迹调节实现无人机择优绕障路径规划。

研发无人机配网前端在线智能识别和缺陷检测算法、模型轻量化技术，实现算法和模型在机载轻量级设备、遥控器、手机上的运行，实现无人机前端在线设备识别和缺陷隐患检测，提升现场巡检和缺陷处置效率。

研究电网动态复杂场景下多种高度的杆塔立体绕塔巡检飞行技术，研究多元设备可视缺陷自动辨识技术，实现小构件、变压器柱上开关等设备的可视化缺陷辨识，推动配网架空线路设备巡检业务提质增效。

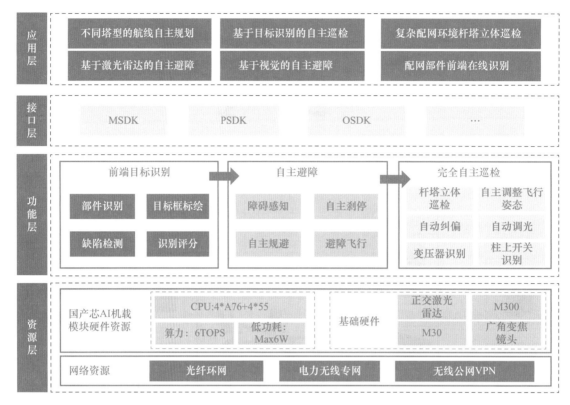

图3 应用架构图

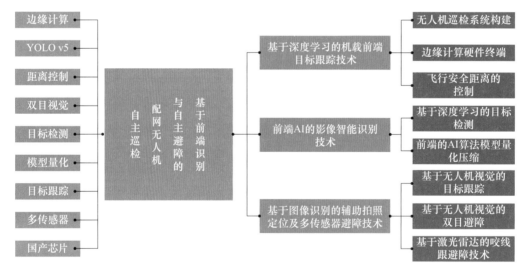

图4 技术架构图

（4）创新组织

泰州公司依托智能运检中心为主干架构，立足于电网企业生产实际，会聚全国各地专家团队，集中整合智能运检资源开展重点攻关，加速相关成果孵化，推动相关标准制定，进一步提升智能运检为电网提质增效的突出效益。

（5）支撑保障

泰州供电公司智能运检中心采取"1＋3＋N"模式运营，设1名主管，3名专职技术人员，

N个柔性团队，集聚全公司人才，承担可研成果孵化、试点及推广、柔性专家团队创新实施、青年人才培养，促进创新成果转化。

04 应用效果

本案例在泰州电网得到广泛应用。管理水平、生产效率方面基于前端识别与自主避障的配网无人机自主巡检与传统手动操作无人机巡检方式相比，极大地提高了绕塔巡检作业自主性、自动化和智能化水平，使无人机绕塔巡检作业安全性更高、效率更高、易推广性更强，减轻了运检人员的劳动强度，大幅度降低了运维成本。

经济效益方面，缺陷识别可直接为各地级运检业务部门每工作日节约1～2个人工缺陷查找工作量，按一年250个工作日计算，节省250～500个工作人/天成本。

社会效益和生态效益方面，基于前端识别和边缘计算方法融合应用，能准确识别配网电力线进行无人机跟随飞行，同时结合前端识别算法和定点拍照功能，能准确地对配网电力线的缺陷数据进行采集计算，实现无人机跟随导线飞行、缺陷前端识别、数据采集等，对数据进行有效、统一的管理，形成数据智能处理平台实现一站式的数据处理服务，避免大量的人工处理数据任务，用于配电巡检数据一站式解决方案。将无人机自主高精度绕塔巡视技术、视觉跟踪与图像识别技术等深度结合，研究开发智能巡检系统将显著地提高国网巡检自动化作业水平，对电网管理获得更高的生态效益和社会效益具有重要的意义。

无人机挂载防坠落装置技术

成果完成单位： 广东冠能电力科技发展有限公司

成果完成人： 张万青　魏远航　黄志建　曾活仪　莫剑波　植成沛　潘雪峰　李雨欣

01　成果简介

　　本案例在无需人员登塔预安装及不改变作业人员登塔习惯的前提下，通过无人机搭载登塔保护固定支架和安保绳飞至铁塔顶端，利用设计的重力自锁紧机械机构，在实时视频图传辅助下，实现固定支架在塔顶端快速安装与拆除，安保绳一端固定在登塔保护固定架上，另一端固定于塔顶，登塔人员通过防坠器与安保绳连接后，形成完整的保护措施，有效地保障了登塔人员的安全，实现登高防坠全程"可视化＋自动化"，解决了作业人员登塔过程中的安全防护问题。

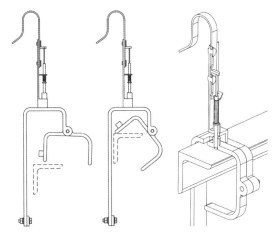

图 1　重力自锁紧机械机构示意图

图 2　新型登塔防坠系统

02　应用场景

本项新技术产品适用于 500 千伏及以下电压等级的输电线路铁塔。除纯钢管塔和羊角型塔外，其余塔型均适用，如"干"字形塔、鼓形、酒杯形塔、猫形塔等，适用于存量的未安装导轨或导轨损坏的铁塔，也可用于基建阶段铁塔放线和附件安装过程，应用前景广阔。

本项新技术应用在输电线路铁塔的场景下创新点主要有：

无需人工登塔安装，适应环境能力强；

安装时间短，装卸方便流畅，可靠稳固安全；

作业过程中实现可视化；

不改变登塔作业习惯，可以对作业人员登塔全过程提供防坠保护，有效减缓登塔人员的心理压力；

与其他方式的登塔作业相比，效率更高，作业更安全。

图 3　应用案例图片

03　解决方案

（1）整体案例思路

登塔防坠落装置，主要包括系统组成、飞机端可视化关节柔性载具、重力自锁登塔保护固定支架、柔性导轨、无人机选型、安保绳选用等。在无需人员登塔预安装及不改变作业人员登塔习惯的情况下，通过无人机搭载防坠落装置飞到铁塔顶端，利用装置的重力自锁紧机械机构实现在塔顶端快速安装与拆除；安保绳一端固定在装置上，另一端固定于塔底，登塔人员通过防坠器与安保绳连接后，形成完整的保护措施，有效地减缓登塔人员心理压力，有效地保障了登塔人员的安全。通过无人机搭载登塔保护装备，同时依托实时监控图像形成完整可靠的登高作业"安全盾"，有效地克服了现有防坠工具的不足，实现了登高防坠全程"可视化＋自动化"，提升了登塔作业的安全性和效率。

（2）目标与原则

本案例利用无人机挂载防坠落装置技术，在无需人员登塔预安装及不改变作业人员原有登塔习惯的原则下，解决困扰当前电力系统安全生产的登塔过程中的安全防护问题。

（3）重点创新内容实施

通过无人机吊装实现柔性导轨塔顶端的自动搭建和拆除，无需人员登高安装，不改变登塔作业习惯；

设计重力自锁紧结构，实现固定支架与角钢间的自动拆装，整个过程无复杂的电控流程，通过巧妙运用各部分机械结构间的相互作用来实现。

在柔性载具下部设计快速识别夹取机构，吊拆时可快速识别并夹取固定支架上部提拉件；

设计图像监测辅助系统，将飞机位置、固定支架状态、塔材情况等相关情况清晰准确地显示在地面操作终端，实现整个拆装过程的可视化。

登塔保护固定的支架的设计大部分为纯金属机械结构，安装到铁塔上能长期运行，不会受到雨雪天气的影响，环境适应性强。

（4）创新组织和支撑保障

研制单位技术研发团队由电子、电气、机械、工业设计等专业技术人员组成，拥有丰富的研发管理经验，技术精锐，具有自主开发产品和进行科技攻关的能力，同时公司还注重产学研合作。

04　应用效果

与现有防坠工具相比，本项案例可有效地解决当前固定式防坠导轨安装数量有限、后续再安装周期较长以及防坠落双延长绳、平安环等临时性防坠措施使用不便影响登塔动作连贯性带来的潜在隐患等问题。新型登塔防坠落装置按班组配备，规模效应相对固定式防坠导轨类产品低，可节省固定式防坠导轨类产品购置资金；新型登塔防坠落装置主要为铝合金结构，可靠耐用，比起固定式防坠导轨类产品具有更长的使用寿命，后期运维成本更低。实施本项案例不仅能对作业人员登塔全过程进行防坠保护，有效减缓登塔人员的心理压力，显著提升登塔作业等安全性和效率，还可以大幅提升输电线路安全性，可在输电线路常规检修及带电作业等多种工况条件下便捷应用，具有重大的应用前景，也将会有效提高电网的智能化运维水平及供电可靠性。

无人机挂载防坠落装置技术填补了输电线路铁塔运行检修高空作业的铁塔攀登过程的空白，拓展了智能技术在电力行业的应用，实现自动化智能运维，提高了电力生产的效率，具有显著的经济效益。

高性能一体小型智能输电巡检无人机

成果完成单位： 广东电网有限责任公司肇庆供电局，广东电力通信科技有限公司，北京数字绿土科技股份有限公司

成果完成人： 李　晋　郑耀华　何　勇　原瀚杰　曾彦超　郭彦明　康泰钟　杨志花　袁新星　江　力

01　成果简介

本案例致力于解决输电线路巡检中缺乏针对输电专业的工业级别无人机、复杂环境下自动巡检严重依赖定位信号、单架次巡检数据单一、数据处理时效性差等业务痛点，重点攻关了小型智能输电无人机、多传感器深组合导航定位、前端智能感知等关键技术，深度整合了激光雷达、影像系统、惯导系统和无人机平台，研制出一套针对输电智能化巡检的一体化多传感器载荷和小型便携式无人机系统，支撑复杂条件下输电线路自主巡检。

02　应用场景

本案例成果可应用于 10 千伏及以上架空输、配电线路智能巡检，尤其适用于信号覆盖弱、地形起伏大等环境复杂的作业区域，可实现自主仿线飞行巡视，线路通道激光点云、可见光及红外多源数据同步采集，并对通道隐患进行前端智能识别与预警。

特色及创新点：

小型化、一体化、便携式设计，减轻一线作业负担。全新一代无人机巡检系统，充分考量尺寸、荷载及续航，折叠后机身尺寸为 28cm×18cm×25cm，无人机整机重量 2.1kg，约为市面主流机型尺寸的 16％、重量的 58％。系统具有一体化、小型化、便携式特点，可以极大地减轻巡视作业人员的装备搬运负担。

多传感器协同控制，智能仿线飞行，赋能"自动驾驶"。借助高精度激光雷达、惯导系统、毫米波雷达等多张"慧眼"，实时构建三维场景模型，实现了无人机无需规划航线、不依靠网络 RTK 信号的自主巡视，达到 L3 级别自动驾驶。

一机多用，多源数据同步采集，巡视效率得到大幅提升。高度集成激光雷达、惯导、可见光、红外及边缘计算单元，一机多用，单架次作业即可实现可见光、红外、点云数据同步采集，效率是传统分三次作业模式的 3 倍。

强算力边缘计算，实时三维建模，通道隐患前端实时测算预警。拥有强劲"大脑"，借助强大的平台运算能力，支持在机载端实时处理点云及影像数据，在飞行过程中对线路通道进行实时建模，并即时计算和分析地物与导线距离，方便现场快速发现与排除隐患。

多期点云数据变化检测，线路运行状态智能感知。基于多期点云对比及变化检测算法，实现了输电线路模型变化对比检测，可针对同一目标、不同期巡视的杆塔倾斜率、弧垂、地形进行测算对比，从而感知线路、环境的变化趋势，分析和预警灾害发生的可能性。

03 解决方案

（1）整体案例思路

本项目设置6个关键技术（硬件、软件、内业及外业）。算法部分：主要有基于多源深组合导航定位的无人机自主飞行算法和缺陷智能检测算法研究；硬件部分：主要为一体化小型无人机和多传感器智能巡检吊舱研制；软件部分：主要为无人机智能控制、巡检数据处理及分析软件开发。深度整合激光雷达、影像系统、惯导系统和无人机平台技术，开发了一套针对输电智能化巡检的多传感器载荷和小型一体化无人机便携系统，支撑复杂条件下输电线路自主巡检，切实提升智能巡检质效。

（2）目标和原则

对现有第一代电力巡检无人机系统进行各环节的全面升级，设计一种一体化无人机和智能传感器系统，解决弱信号环境下的多传感器深组合导航定位、三维场景实时构建、无人机自主飞行、二三维目标的分类和识别等问题，实现输配网巡检的人机物的协同作战布局，构建合理的巡检体系，并可实现区域指标的评价。开发的第二代电力巡检无人机系统更便携，更智能，更稳定，传感器更丰富，集成度更高，作业管理更统筹，作业成果更准确、更丰富。

（3）重点创新内容实施

基于多源深组合自主飞行导航定位与避障技术：提出了一种多源深组合一体化定位算法，通过POS实时解算、点云目标实时识别和提取、无人机实时运动控制等智能算法，实现无人机与电力线保持相对距离自主仿线飞行和巡检。

基于实时点云建模的通道隐患前端识别技术：通过将实时解析的POS数据与雷达原始数据在前端联合实时解算，实现了通道实时三维点云建模，在机载端对点云进行降噪、分割和聚类，自动分类出杆塔、导线、地物等类别定，依据相关标准，判断安全隐患，在遥控器端生成危险点列表。

面向输电线路巡检对象的变化检测算法：基于历史底图点云数据，可自动分类新一期点云数据，还可以进行危险点变化检测分析、地形地貌变化检测分析、杆塔及弧垂变化测量，实现通道内异常变化快速分析。

基于深度学习的缺陷识别检测算法：提出了适应多尺度输电设备缺陷特征的目标检测模型，结合多尺度特征融合通道、空间金字塔池化等结构，显著增强了模型对小目标（金具、线夹等）、大长宽比目标（绝缘子等）的检测能力，兼顾精度与运行速度。

小型、长航时、轻量化无人机设计：定型研制了小型智能化无人机平台，该平台采用可折叠设计，折叠后尺寸为：28cm（长）×18cm（宽）×25cm（高）、最大载荷：2kg（最大任务载荷）、续航时间：65min（空载）。

多传感器一体化集成技术：一体化集成组合惯导模块、可见光与红外影像系统、三维激光雷达、边缘计算单元等。从硬件底层出发，统一多传感器通信链路和数据采集框架，时间指令系统为传感器提供统一的时间基准并完成时间测量，且体积小，重量轻，一机多用，智能程度高。

（4）创新组织和支撑保障

本案例依托南方电网重点科技项目"高性能一体小型智能输电无人机研究及应用"，广东电网肇庆供电局联合北京数字绿土科技股份有限公司等单位组建研发团队，产学研用相结合，从需求分析、理论技术攻关、软硬件研发、实验测试、示范应用等环节，为项目组织实施、研发、测试和应用等方面提供支撑和保障。

04 应用效果

本案例成果已在肇庆局所辖 110 千伏睦石线、220 千伏砚端甲乙线等线路上开展了挂网试运行，现场应用表明：系统运行稳定、技术成熟度高，具备转化推广条件。本成果有力地推动了无人机智能巡检行业的发展和进步，有利于加快推进数字化电网建设，切实为基层减负，其应用效益如下：

（1）巡检效率

传统的飞手操作无人机以 3m/s 的速度巡检一档约 500m 的架空输电线路需 2.7min；采用航线巡检的方式必须有线路点云数据，需提前规划航线并进行航线安全性检查，基于航线以 4m/s 的速度巡检一档约 500m 的架空输电线路需 2min，加上航线规划的时间，平均大约 2.5min，以上两种方式基于传统的无人机巡检系统单架次只能完成激光点云或可见光/红外巡检任务一类巡检任务。本案例成果可不依赖于点云数据、自主跟踪电力线以不低于 5m/s 的巡检速度一次完成线路点云、可见光、红外巡检任务，相对于传统的人工操作巡检和基于规划航线巡检的方式，巡检效率提升 80％以上。

（2）经济效益

购置市面上成熟的商业化产品，搭配一整套完整功能的无人机及荷载、软件成本约 35 万元/套，本项目成果高性能一体化小型智能输电巡检无人机系统（软硬件）批量生产后销售价约 30 万元/套，用户成本可减少约 14.29％。以南方电网供电局为例，按照一个地级市供电局的年需求量按 4 套计算，广东区域内广东电网及深圳供电局共 21 个供电局，广西电网 14 个供电局，云南电网 17 个地市局，贵州电网 10 个地市局，海南电网 19 个供电局，市场容量约 324 套，产值逾 8000 万元，并可为南方电网节省 1600 万余元的设备采购开支。

（3）社会效益

基于小型智能无人机搭载一体化多传感器吊舱及配套智能导航定位、智能控制、智能识别算法，开展架空线路无人机智能巡检，能有效地弥补目前无人机巡检操作要求高、严重依赖 GPS 和 RTK 定位及巡检数据后处理等不足，切实提升无人机在输电线路巡检中的应用效果，保障电网安全、稳定运行，具有显著的社会效益。

"无人机＋自动化后台"协同巡检技术

成果完成单位：广东电网有限责任公司河源供电局

成果完成人：李 智 孙守玲 郑桥敏 钟运平 叶运栖 陈海东 曾国海 覃启含 廖铭轩
林瑞锋

01 案例简介

通过搭建无人机自动化巡视平台，实现对户外高压设备进行无人机全户外一次设备自动巡视，室内巡视采用人巡＋自动化后台巡检模式实现对室内一、二次设备自动化巡视，形成"无人机＋运维人"机人协同巡检新技术模式，对变电设备表计、外观、温度等异常信号实现全方位立体巡检。

02 应用场景

变电站传统"人巡"依靠红外测温仪及目测发现设备缺陷，人巡一般从设备下方向上观察，设备上方等部位存在巡视"死角"，巡视质量及精准度往往很低。而"无人机、机器人等机人协同巡检新技术"巡视模式打破了传统工作模式，符合高科技时代工作方式，极大地提高了巡视质量。无人机轻便灵活，易满足与带电设备安全距离要求，可以从不同方位、不同高度和角度进行自动巡视，通过近距离拍摄高清可见光照片观测设备外观，通过自带的红外测温镜头对设备进行温度测量，巡视过后无人机采集的照片可以自动上传至后台监测系统并推送缺陷告警信息。基于当下无人机飞行所需信号连接及飞行空间的限制，室内高压设备的外观、表计、温度的巡视工作采用人巡技术。室内配置可见光及红外测温摄像头，配置声纹检测仪，采集的信息通过网络自动传送至自动化后台检测系统，使后台监测人员更加轻松便捷地对变电站内设备进行巡视监测。

03 解决方案

（1）整体案例思路

河源供电局对"人巡""人巡＋机器人"以及"人巡＋机巡"的巡视模式进行全方位分析，最终确定"机巡＋人巡"的巡视模式。通过制定对策及对策实施，分析完成效果，效果显著，均达到设定目标值。这种新型巡视模式降低了企业成本，提升了工作效率，提高了变电设备巡视精准度，从而更大程度上保障了变电设备安全可靠运行。

（2）目标及原则

根据电网管理平台资产域系统数据分析，结合传统"人巡"和"机巡＋人巡"的特点，目标设定为：运行人员投入方面减少55％，时间成本下降60％，企业成本下降30％，缺陷发现率提升至25％，且"机巡"发现的缺陷基本为"人巡"很难发现的隐蔽缺陷。

（3）重点创新内容实施（基本做法）：

以无人机巡视为主，人工巡视为辅成为现阶段的主潮流。人工巡检、无人机巡检两条腿走路，同步开展变电站立体巡视。无人机巡检负责户外一次设备外观及红外测温、防风防汛特巡

（户外部分）、变电站周边 300 米范围内外部隐患特巡，机器人、人工巡检负责运维策略所要求的其他工作。

（4）创新组织和支撑保障

生产组织模式优化：生产指挥中心直接挂靠生产技术部，该中心下设生产监控班、智能运维班。其中智能机巡班负责变电智能作业及智能终端维护。变电管理所保留变电运维、检修、试验、继保等传统班组，负责除设备周期性智能巡视之外的原有业务。

无人机系统日常维护：无人机机巢箱内卫生清扫及防小动物封堵检查。每月 1 次，由运行人员结合月度维护开展：机巢无法连接服务器或网络出现波动时，定期重新插拔网线或充电线；工控机、蓄电池、收银台故障时，定期重启电源或插拔、紧固连接线；无人机电池充电、日常检查由变电站内保安进行管理。

04 应用效果

（1）工作效率得到大幅度提高，"机巡＋人巡"巡视模式相比传统巡视模式效率提升 2.55 倍，时间成本下降 60.7％，超过设定目标值 60％。

（2）用工压力减缓：实施"人巡＋机巡"巡视模式后，人力投入方面下降 56％，超过设定目标值 50％。

（3）企业成本：实施"人巡＋机巡"模式，企业成本下降 30％，达到原设定目标。河源地区面积辽阔且多为山区，变电站覆盖面广，站点之间距离较远，路况崎岖复杂，历年来行车安全方面存在着极大的隐患。河源供电局采取智能巡检模式后因人工用车减少，交通事故率明显降低，极大地减少了行车安全隐患等问题。

（4）巡视精准度得到大幅度提升，缺陷发现率提高 28％，高于设定目标值 25％，机巡发现缺陷的特点主要为隐蔽性缺陷，实现了全方位、无死角的立体巡视，有效地保障了变电站设备的安全可靠运行。

狭小空间关键屏柜可移动测温系统应用

成果完成单位： 中国南方电网有限责任公司超高压输电公司广州局，浙江大立科技股份有限公司

成果完成人： 张朝斌　汪　洋　李靖翔　洪乐洲　黄家豪　张　博　王国权　李凯协　杨建新　刘子琦

01　成果简介

随着电力行业的快速发展，狭小空间内设备稳定性的要求越来越高，而由于狭小空间关键屏柜内的设备运行时会产生大量热量，其温度非常容易升高，过高的温度可能导致设备损坏、甚至停机，而此类关键屏柜如换流变冷却器控制柜、换流阀冷却系统动力屏安全稳定运行直接关系到直流系统的可持续运行，因此，狭小空间关键屏柜温度的监测和控制变得越来越重要。传统的测温方法需要人工操作手持红外热成像系统打开柜门进行测量，操作繁琐且容易受到环境干扰，不利于精准的温度监测，固定式系统存在监控角度不全面等问题。基于上述情况，设计开发了可在屏柜内安装的移动轨道式测温系统。该系统基于红外线热成像技术，可以在不接触目标物体的情况下实现快速、准确的测温，避免了漏测和误测的情况出现。

02　应用场景

在位于广州市从化区的从西换流站部分狭小空间关键屏柜内，采用移动轨道式测温系统对屏柜内所有设备进行了全面测温，并记录下每个区域的温度数据。根据数据分析，可以发现一些设备存在温度异常情况，并及时通知运维人员进行处理，避免了因温度问题引起的设备故障，确保了电力设备的正常运行。

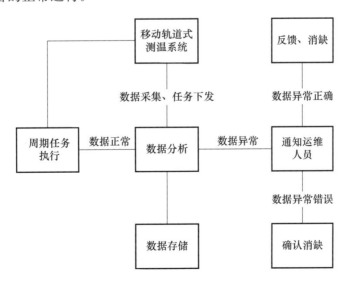

狭小空间关键屏柜移动轨道式测温系统是一种基于红外热成像技术的高效、准确的可移动

测温设备，其特色和创新点主要包括以下几个方面：

（1）高精度测量：移动轨道式测温系统采用先进的红外热像技术，可以实现目标物体非接触式的快速测温，精度高达±2℃，在监测关键设备的温度变化方面具有很大的优势。

（2）全面覆盖：该系统采用移动轨道设计，可以保证在整个设备区域内进行全面测温，同时采用大视角的红外热成像系统，可完成大范围的视野覆盖，从而避免了漏测和误测的情况出现。

（3）快速响应：移动轨道式测温系统不需要与目标物件接触，可在一定范围内对目标物体进行扫描即可快速获取数据，并且可以实时显示测温结果。

（4）灵活性：移动轨道式测温系统具有灵活的结构设计，可以根据不同的屏柜尺寸，特别是狭小空间屏柜，依据实际的测量需求进行更改和组合，以满足运维人员不同的需求。

03 解决方案

（1）整体案例思路

针对电力行业中狭小空间关键屏柜内设备温度监测问题，需要采用先进的技术手段进行解决。移动轨道式测温系统是一种高精度、全面覆盖、快速响应、灵活性强的测量设备，可以满足电力行业中对关键设备温度监测的需求。本项目在从西换流站狭小空间关键屏柜内安装大视角的移动轨道式测温系统，进行全面测温，为运维人员提供准确的数据支持。

（2）目标和原则

目标：通过移动轨道式测温系统的应用，实现对狭小空间关键屏柜内设备的全面监测和控制，提高设备的安全性和生产效率。

原则：

准确性原则：移动轨道式测温系统具有高精度的测量能力，必须确保测量结果的准确性。

全面性原则：系统应该覆盖关键设备的所有区域，确保不漏测、不误测。

及时性原则：系统应该具有快速响应能力，可以在最短时间内获取数据并及时通知运维人员。

可靠性原则：系统应该经过严格测试和验证，确保在各种环境下都能够稳定运行。

（3）创新内容实施

系统设计与优化：首先在从西换流站狭小空间关键屏柜内设计和布置移动轨道，确保监控到屏柜内的所有设备。同时，开发相应的软件以保证测量结果的准确性和稳定性。

测量数据采集和分析：移动轨道式测温系统可以实时采集关键设备的温度数据，这些数据通过网络传输到后台服务器，进行数据处理和分析。运维人员可以通过PC端实时查看温度变化情况并及时处理可能存在的异常情况。

数据处理算法的优化：针对移动轨道式测温系统采集到的大量数据，设计相应的数据处理算法，从而实现数据的有序存储和高效分析。同时，还可利用机器学习等技术手段，对数据进行分析和预测，帮助运维人员更好地了解设备的状态和变化趋势。

（4）创新组织和支撑保障

人才队伍建设：建立专业团队，包括系统设计、硬件制造、软件开发、数据分析等多个领域的专业人士，以确保系统的高效、稳定运行。

智能化管理：为了提高整个项目的管理效率，可以采用智能化管理手段。

售后服务保障：为了确保系统的长期稳定运行并及时解决可能出现的问题，需要建立完善的售后服务体系，提供7×24小时的技术支持和服务保障，以满足运维人员的需求。

04 应用效果

通过在从西换流站狭小空间关键屏柜内应用移动轨道式测温系统进行全面测温，管理效率提高了 30％，生产效率提高了 25％，经济效益增加了 20％，社会效益和生态效益也得到了显著的改善。此外，该系统的使用还能够减少因设备异常导致的停机和维修时间，从而进一步提高生产效率和经济效益。

（1）管理水平提升

采用移动轨道式测温系统，可以实现对狭小空间关键屏柜内设备的全面监测和控制。通过对设备温度数据的实时采集和分析，在设备出现异常情况时可以及时发出预警信号，从而避免事故的发生。换流站关键屏柜测温频率一般为 8 天 1 次，而该系统可实现 1 天多次精准测温，提高了发现缺陷的时效性，还可以针对异常温度点进行定时定点跟踪监测。该系统投运至今，已累计发现缺陷 13 条，在狭小空间关键屏柜发热异常缺陷中占 95％以上。同时，系统还可以提供历史数据分析功能，帮助企业更好地了解设备状态和变化趋势，从而做好预防性维护工作。

（2）生产效率提高

采用移动轨道式测温系统，可以准确快速地获取设备温度数据，同时可以实现远程监测和远程控制，从而提高生产效率。在系统应用之前，人工测温需要 2 人 2 小时才能完成的测温任务，通过该系统 10 分钟即可完成所有测温，并形成测温报告和分析文档。该系统可以实现在无人值守的情况下进行设备温度监测和控制，降低了人力成本和时间成本。同时，通过数据分析功能，可以帮助优化工作流程和工作计划，提高生产效率和生产质量。

（3）经济效益提升

通过采用移动轨道式测温系统，从西换流站可以提高狭小空间关键屏柜内设备的安全性和生产效率，降低设备维修成本和停机时间损失，增加经济效益。以从西换流站单极 1600MW 功率计算，每减少停机时间 1 小时则增加输送电量 160 万千瓦时。此外，通过对历史数据的分析，可以帮助运维人员提前预知设备故障，采取预防性措施，从而减少了设备维修成本和损失。

（4）社会效益提高

采用移动轨道式测温系统，可以有效地提高设备的安全性和稳定性，降低安全风险，减少环境污染和资源浪费，提高社会效益。

（5）生态效益提高

采用移动轨道式测温系统，可以准确快速地获取设备温度数据，从而帮助企业优化能源消耗和节约能源。通过对温度监测和控制的精细化管理，可以降低能源浪费，提高企业的生态效益，符合可持续发展的理念。

变电设备缺陷与隐患管理智能 AI 机器人

成果完成单位：广东电网有限责任公司电力科学研究院
成果完成人：张子瑛　赵晓凤　宋坤宇　李兴旺　周　刚　孙　帅　李　妍　舒　想　姚聪伟　马志钦

01　成果简介

电力系统安全稳定运行关系国计民生。变电环节在电力系统中处于枢纽地位，变电设备数量多、分布广，设备状态直接影响系统安全稳定运行。及时发现缺陷、消除隐患是保障设备安全及电网安全的前提。广东电科院项目团队依托"云大物移智"技术，全面深入挖掘变电设备缺陷和隐患数据，打破现有技术支持系统独立分散、业务效率后劲不足、变电缺陷管理人员承载力不足、管控信息自动化不足的局面，探索缺陷和隐患准实时、无感、精准管控新模式，开发了集数据融合、智能分析、精准高效于一体的变电设备缺陷与隐患管理智能 AI 机器人 App。高效利用现代化信息平台，通过多维度分析、多平台交互，实现设备状态评价与批次性缺陷诊断，可节省约 90％工作量，提升缺陷分析质量和效率，助力实现为群众办实事、为基层减负的目标。

02　应用场景

通过变电缺陷大数据创新应用，覆盖变电缺陷管理全业务场景，包括设备缺陷分析、专项工作水平评价、反事故措施多维交互驾驶舱等应用，形成"日分析、周跟踪、月总结"智能化管理机制，促进家族性、批次性缺陷自动识别与预警，数字化赋能推动变电设备管理提质增效。该成果采用"芯"状辐射型缺陷管理模式来取代原有的链式层级架构，实现了变电设备缺陷和隐患的穿透式管理。建立"省公司—电科院—供电局"多层级联动、多元化参与机制，探索出一套行之有效的流程优化模式，初步构建了全省变电设备运行质量管控"一盘棋"格局。高效利用现代化信息平台，通过多维度分析、多平台交互，实现设备状态评价与批次性缺陷诊断，不仅节省约 90％工作量，提升缺陷分析质量和效率，而且实现了为群众办实事、为基层减负的目标。

03　解决方案

（1）整体案例思路、目标和原则

通过对变电设备海量数据的多源融合、机器学习数据处理和大数据挖掘分析，实现变电设备缺陷、专项工作等工作的全流程"互联网＋"管控、方案制定及变电缺陷分析报告智能生成等智能化应用场景，构建变电缺陷和隐患管理 AI 智慧大脑。

引入机器学习技术，打造变电缺陷 AI 诊断师，提供变电缺陷知识在线管理、多维检索引擎应用，为变电缺陷管理业务人员日常工作提供智慧助手。

通过大量特征数据的沉淀，将变电缺陷信息进行关联，形成实体、属性、关系关联组，形成"设备—缺陷—措施"的知识库。通过缺陷的查询，关联设备当前的状态、可能出现的缺陷、缺陷的治理方法；通过关系组不断向外延伸，形成变电缺陷知识库，为变电缺陷的运维治理提供方案措施。

通过"日分析、周跟踪、月总结"智能化管理机制，促进家族性、批次性缺陷自动识别与预警，深度融入公司设备管理链条，发挥了"突破一个点、串成一条线、带动一个面"的全方位技术支撑作用，数字化赋能推动变电设备管理提质增效。

（2）重点创新内容实施

提出基于PCA＋KNN的多维数据融合AI模型，实现数据接入、清洗和贯通，最终打破数据壁垒，实现数据融合。

首创基于Neo4j知识谱图的缺陷诊断AI算法，建立变电设备缺陷专家知识库，可自动判断缺陷原因、推送消缺措施，实现智能辅助决策。

采用云技术，基于南方电网云平台，实现服务器资源复用，提升资源复用率。基于分布式存储，虚拟机可以快速进行故障迁移，保障硬件架构冗余的可靠性。

按照南方电网4321技术路线，依托南方电网云平台和大数据平台，通过Elink框架开发，能够实现业务功能的敏捷开发与快速迭代。

（3）创新组织和支撑保障

本团队包含管理人员、技术人员、运维人员等多专业精英，他们具备电力与信息专业融合背景，且长期致力于电力设备运行数据挖掘、设备数字化与智能运维等领域工作，深度融入电网变电运维与设备状态监测业务。其中，电力专业方面，主要承接广东电网变电设备安全运行与科技创新的支撑与服务工作，为电网变电设备质量本质提升、设备及其运维数字化、电网安全可靠运行提供了全方位技术支撑；数字信息专业方面，主要承接电网数字化工作，建成物联网平台、南方电网云平台、人工智能平台等数字化平台，建设并运维广东电网生产监控指挥中心系统，构建了统一、规范、高效的一体化数字化基础平台，为不同专业系统开发测试、业务验证及生产运行提供全方位支撑。

04　应用效果

本案例打造的变电设备缺陷与隐患管理智能AI机器人APP，通过多维度分析、多平台交互，实现设备状态评价与批次性缺陷诊断，节省约90％工作量，有效地提升缺陷分析质量和效率。

目前该成果已在广东电网公司所属的20个直属单位全面推广应用。工作开展以来，跟踪分析缺陷2478起，紧急重大缺陷消缺率100％，消缺及时率99.8％，节约人员工时8000人/日。通过AI智能诊断，精准定位批次性缺陷34起，印发了广东电网第一批、第二批典型设备缺陷整改要求，发布12份设备安全风险预警通知书，其中4起被录入南方电网《2020年反事故措施》，在全网推广运行。

成果已固化为广东电网变电设备缺陷管理工具，成果中引申出变电设备安全风险技术监督告警机制已被南方电网公司采纳并全网推广，各直属单位可直接应用。它将有效地推动公司缺陷和隐患管理关口前移，使风险管控水平不断提升。

经济效益：

直接经济效益：基于检修基地开展故障设备解体、缺陷原因分析、缺陷设备维修等工作，针对缺陷率较高的问题开展现场校核及检查工作，合计产生直接经济效益1749万元。

间接经济效益：成果及时发现并整改缺陷，有效地提升了设备的健康水平及使用寿命。成果累积避免设备损失17465.45万元，减少停电损失61598.32万元。

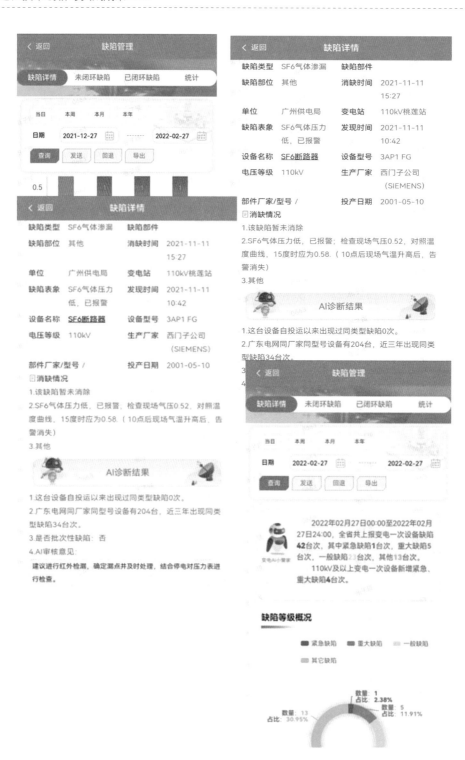

应用示例

基于激光点云和可视化监拍图像的
机械外破隐患智能管控

成果完成单位：国网重庆市电力公司超高压分公司
成果完成人：田继祥　郑　凯　杨富淇　杨　森　晁明智　刘　劼　戴佳利　王　涛

01　成果简介

为了更好地管控公司所辖超特高压线路沿线外破施工，通过在杆塔安装可视化监拍装置、后台部署监控系统，分析外破管控流程设计可智能识别机械隐患，并计算其相对导线位置距离信息的机械外破隐患智能管控技术。本应用搭建可视化监拍系统并借助 AI 智能算法识别通道内各类机械外破隐患，随后通过融合隐患智能识别和激光点云数据精准测距优势，实现机械外破隐患的精准测距，同时设定超特高压线路机械外破隐患三级风险预警机制，辅助运维人员准确把控作业现场机械安全施工距离。

02　应用场景

当前公司沿线外破施工徒增，作业现场存在如挖掘机、起重机等机械隐患，为了更好地管理施工现场机械外破作业风险，通过在杆塔安装可视化监拍装置、后台部署监控系统，借助 AI 智能算法识别外破机械隐患、融合二维可视化图像和三维激光点云实现机械隐患三维测距以及针对性设置超特高压线路通道机械隐患三级风险预警机制，并在可视化监拍系统及时推送机械外破隐患信息，进一步辅助监控人员、现场人员掌握外破现场整体情况和把控外破机械安全施工距离。

本应用创新点如下：

通过在杆塔前段安装可视化监拍装置并借助 AI 智能算法实现线路通道内各类机械外破隐患的有效识别，并根据线路环境可随时新增其他通道隐患识别模块，逐步完善通道隐患识别库。

在机械外破隐患识别的基础上通过融合二维可视化图像和三维激光点云两种非同源数据，实现机械外破三维测距功能，可得出外破机械隐患与导线的净空距离信息。

为降低两类数据融合的复杂性，采用可调整投影矩阵的后校准融合方法，能灵活地适应新的可视化监拍设备布局。

根据 ±800 千伏、500 千伏输电线路对线下机械安全距离规定设计通道机械隐患三级风险预警机制。

通过调试可视化装置和采集激光点云数据可快速对新增外破施工点部署本应用。

图1 机械外破隐患识别及测距图

03 解决方案

（1）目标和原则

在公司所辖超特高压线路杆塔前段安装可视化监拍装置并在后台部署对应的可视化监拍系统，借助 AI 智能识别算法实时监控线路通道情况并及时推送机械外破隐患告警信息。

在机械外破隐患智能识别基础上标定目标隐患在三维激光点云中的位置，通过激光点云准确测量目标隐患与导线的位置距离信息，以融合两类数据的方法实现超特高压线路通道机械外破隐患三维测距。

根据±800千伏、500千伏输电线路对线下机械安全距离规定设计通道机械外破隐患三级风险预警机制，并在可视化监拍系统及时推送包含距离的告警信息。

（2）重点创新内容：

在杆塔安装可视化监拍装置、后台部署可视化监拍系统，利用 AI 智能算法识别通道机械外破隐患，建立通道隐患智能识别库。

由于可视化监拍图像仅能定性识别机械外破隐患而不能准确地测量与导线的净空距离，同时激光点云数据可准确地测量两点间距而无法识别目标类别，因此本应用融合两类非同源数据的优势来检测机械外破隐患。

激光点云数据和可视化图像标定计算量巨大，通过采用可调整投影矩阵的后校准融合方法来降低数据融合的复杂性，使其能灵活地适应新的可视化监拍设备。

根据超特高压输电线路对线下机械安全距离的规定，设计机械外破隐患三级风险预警机制。

通过调整可视化监拍设备角度来匹配激光点云数据，使得激光点云数据采集一次可长期使用，同时对新增外破施工现场可快速部署机械外破智能管控技术。

（3）创新组织：本应用由超高压公司输电运检创新团队组织实施完成，团队成员包含经验丰富专业技能过硬的技术人员。

（4）支撑保障：得益于公司大力实施线路通道可视化战略，通过杆塔前段可视化监拍装置采集的通道图像数据和搭载激光雷达的 M300 无人机采集的通道激光点云数据，本应用具备完备的数据自采集优势。同时，公司当前对沿线外破施工管控力度投入更大，管控要求更高，通过增强技防手段来提升外破现场管控力度可在一定程度上解放人力，促进公司提质增效战略的实施。

04 应用效果

本应用通过在前段杆塔安装可视化监拍设备、在后端系统部署 AI 智能识别算法以及在隐患识别的基础上融合可视化二维图像数据和激光点云数据实现机械外破隐患的三维测距功能，有效地提升沿线外破施工管控能力。

（1）可降低外破管控人力、物力投入

以前仅通过安排运维人员现场值守来管控外破施工现场作业风险，现在通过可视化监拍智能系统可排除绝大部分不影响线路安全运行的隐患，仅对重要外破施工进行现场值守，极大地减少了人力、物力投入。

（2）直接改变外破隐患管控流程

以往是通过运维人员巡视、护线员及其他人员获得通道外破隐患信息，随后汇报上级并安排人员到现场值守。现在通过可视化监拍智能系统实时识别通道机械隐患并及时向监控值班人员（PC端）和设备主人（移动端）推送告警信息，相关人员通过告警信息来判断隐患是否危及线路安全并第一时间向上级汇报，上级得知后迅速安排人员到现场确认情况并实时反馈。

（3）极大地缩短外破发现、管控时间，减少生命财产损失

通过安装于杆塔的可视化监拍装置可第一时间发现通道外破施工情况，运维人员迅速赶至现场并借助机械外破隐患三维测距功能辅助判断作业风险，可有效降低因外破机械隐患导致的人身事故、电网事故。

配电网综合通信转换单元

成果完成单位： 国网重庆市电力公司市北供电分公司

成果完成人： 裴　超　龚致民　张劲松　向文平　黄宇翔　甘　新　胡松伶　高　伟　龙剑锐
　　　　　　　叶　浩

01　成果简介

针对当前站房直流电源信息上传困难、备自投通信调试效率低、配电自动化线上巡检系统信息上传困难等难点，以数智赋能为导向，以技术创新为手段，研制了配电网综合通信转换单元。该装置接收直流电源系统和备自投相关信息，内部处理后以硬接点形式并利用旧屏柜间二次电缆可靠传输至配电自动化终端（DTU），通过配电自动化信息传输路径上传配电自动化主站，实现站房巡视线上化真正有效应用，提升配电站房巡检质效。

02　应用场景

（1）该成果主要应用于具备配电自动化功能的配电网站房，补传、完备备自投和直流电源信息，实现远方可靠监视。

由于管理和部分终端设备等原因，站房线上巡检缺少"备自投充电""直流电源消失"等核心信息量，站房巡检线上化未能得到真正有效应用，主要存在以下痛点难点：

备自投、直流电源装置和DTU等种类多，备自投与DTU"多对多"通信调试工作量大、通信规约解析复杂；

直流电源系统产品软硬件质量普遍不高，受环境影响大；

备自投施放通信线困难，部分DTU终端不接受软信息接入。

（2）创新点归纳：

收集解析并建立备自投装置通信协议库，实现备自投与DTU的通信方式由"多对多"转换为"多对一"，现场通过选择备自投类型即可实现通信连接并以硬接点输出，极大地方便了现场调试；

监测直流母线电压情况并以硬接点输出至DTU，简易可行，方便短时间推广使用；

利旧二次电缆将硬接点信息上传DTU，避免大量规约转换工作量，解决部分老旧DTU无法软遥信输入的问题；

面板设有明显的"充电"标志灯和"备自投充电完成"液晶显示，解决配电网备自投装置鱼龙混杂的"充电"指示。

03　解决方案

该装置接收直流电源系统和备自投相关信息，内部处理后以硬接点形式并利旧屏柜间二次电缆可靠传输至DTU，实施过程无人身、设备安全风险，便于现场安装、联调，能够快速推广应用，实现站房巡视线上化真正有效应用。

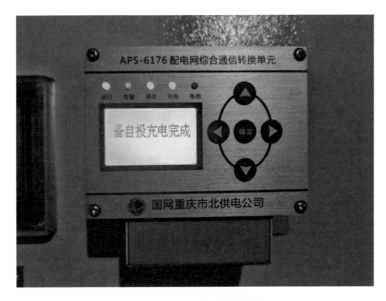

图 1　配电网综合通信转换单元

主要做法如下：

（1）装置结构

该装置结构图、PCB 板图如图 2、图 3 所示，装置采用高性能的硬件平台成熟度高，经过长时间运行检验的工业级元器件，合理地 PCB 布局布线以及完善的在线自我检测程序，保证装置能在各种工况环境下正常、安全、可靠、稳定运行。

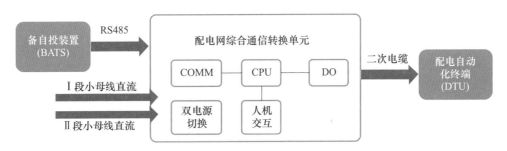

图 2　配电网综合通信转换单元结构图

（2）装置安装

该装置与备自投装置邻近，均安装于分段开关柜或隔离柜，如图 4 所示，装置贴面安装于开关柜上柜面板，无需施工开孔，减少了现场安装工程量。

图 3　配电网综合通信转换单元 PCB 板

图 4　分段开关柜或隔离柜上柜

（3）装置引入直流信息

从站房开关柜两段直流小母线直接或通过PVC管各引一路直流电源接入该装置电源端子，如图2、图5所示，装置内部监测两段直流电压幅值并以硬接点输出"××段直流电压消失"告警信号，同时装置内部能够进双电源自动切换，提高其运行效率。

图5　通过PVC管引入另一段直流电源

（4）装置与备自投连接

装置收集解析并建立配网备自投通信协议库，施放较短的通信线连接该装置与备自投装置，现场通过选择二次设备类型即可实现通信连接，实现备自投与DTU通信方式由"多对多"转换为"多对一"，如图2、图6所示，装置采集备自投相关软遥信，内部CPU处理转换并以硬接点输出"备自投充电"信息。

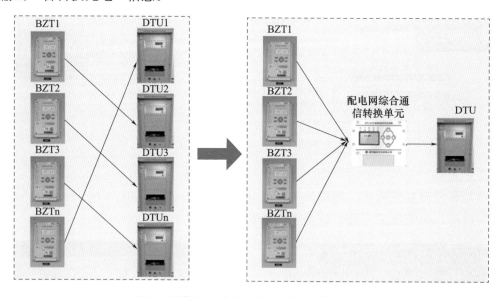

图6　通信方式"多对多"转换为"多对一"

（5）装置与DTU连接

利旧二次电缆输出"备自投充电""×段直流电源消失"等核心信息至DTU，如图2、图7所示，完成"备自投充电"等信息的信号传输方式转换。同时，人机交互装置面板便于运维人员现场识别，如图8所示。

（6）站房线上巡检

通过光纤通信或5G无线通信网络，配置DTU且实用化的各个站房将该装置上传的"备自投充电"等核心信息安全可靠地上传至配电自动化主站，主站将信息同步上传至具备查看权限的 PC 端，运维人员通过配电自动化 WEB 发布系统即可进行站房线上巡检，如图 9、图 10 所示。

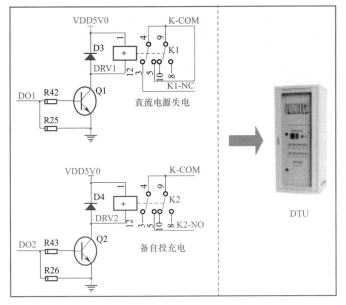

图 7　硬遥信开出至 DTU

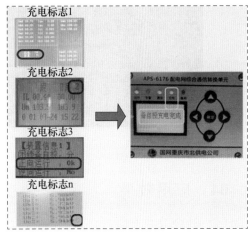

图 8　充电标志统一显示

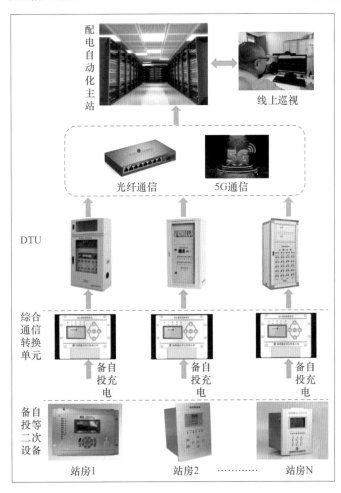

图 9　数据信息流

图 10　配电自动化 WEB 发布系统

04　应用效果

（1）社会效益方面

减少了因停电计划造成的用户停电频次，增强了用户用电感知体验，持续改善营商环境，有力地助推了市北公司"一流城市配电网"建设；

通过该装置替代通信"直连模式"，避免了施放通信线可能存在的人身触电风险，同时提升了站房直流电源系统监测效率，保障了现场直流电源缺陷隐患的及时处理；

实现 DTU 核心信息接入全覆盖，提升配电网站房巡视质效，有利于市北公司突出重点设备管控，减少巡视人力车辆投入，支撑站房差异化运维，加快缺陷隐患治理，提升配网精益化的管理水平。

（2）经济效益方面

年度现场巡视次数为：$414 \times 2 +（802-414）\times 4 = 2380$ 次。相比全部线下巡视减少：$802 \times 4 - 2380 = 828$ 次，减少 35%。考虑日均巡视量为 6 座/次，两个运维班成员加上一个司机及燃油成本日均 300 元，则节省费用：$828/6 \times 350 = 48300$ 元；

414 座站房中近 300 座站房 620 开关处于合位，为避免人身触电风险，需要联系调度进行大量的倒闸操作，如果采用停电计划进行通信线缆连接，则会产生一定售电量损失；

70 座站房 DTU 不能实现软遥信接入，全部更换及调试将产生 200 万的工程费用。因此，使用该装置后第一年节省至少 2048300 元，以后每年可产生经济效益至少为 48300 元。

B/S 架构下激光点云三维可视化体系在输电线路走廊可观可测关键技术研究与应用

成果完成单位： 中国南方电网有限责任公司超高压输电公司柳州局

成果完成人： 薛鹏程　李　超　孟庆禹　韦扬志　黄祖标　刘　成　黎国根　蓝健肯　黄志欢
　　　　　　　　欧志斌

01　成果简介

基于 M300RTK 搭载激光雷达采集激光点云数据，在 B/S 架构下检测输电线路通道走廊的植被、建筑物、交叉跨越等对线路的距离是否符合运行规范、线间距是否满足安全运行要求；同时以树障隐患管控在数字报表中全面可观、可测、可控为抓手，深度挖掘数字报表在数据全流程管理中的应用，为电网数字化转型提供可靠数据基础，解决巡检缺员、成本高、效率低的问题，实现智能化的测距应用，完成树障隐患状态感知和动态预警，不断提升数据分析和处理的科技化水平。

02　应用场景

（1）通过 WebGL 技术实现纯 B/S 架构的激光点云三维可视化

激光雷达软件控制系统研究。软件控制系统具有自主控制能力，能够自主保存各传感器的原始数据，实时更新硬件系统状态，提示警告信息；无人机激光雷达系统具有远程控制功能，支持远程控制激光雷达采集或停止采集数据、远程控制 GPS 数据的采集或停止；支持激光点云后差分解算。

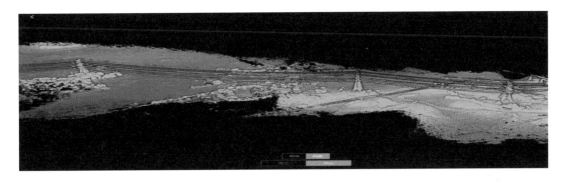

（2）无人机高密度激光点云数据处理方法

采用 Kd-tree 聚类和 RANSAC 算法，实现了输电线路通道走廊重要地物自动分类，为后期三维通道展示、工况模拟、隐患点分析提供基础数据；基于多源数据融合后的影像，提取单木参数和林分参数，结合遥感数据与多元地学辅助数据，对树种进行分类识别和提取，以输电线路通道林木的先验信息和样本信息为随机变量，构建树木生长模型，科学测量输电线路走廊内树木情况。

（3）多参数类脑智能算法应用

结合 LiDAR 点云数据突破了带电作业现场勘查、安全距离测算等技术瓶颈，高效构建数字孪生距离空间，输出厘米级作业距离的准确预判。通过选择作业导线点和软梯悬挂点，模拟软梯法作业过程中作业人员与导线和杆塔的距离，进而通过计算组合间隙距离判断是否存在安全隐患，若出现危险，则进行安全性预警，确保人员安全作业。

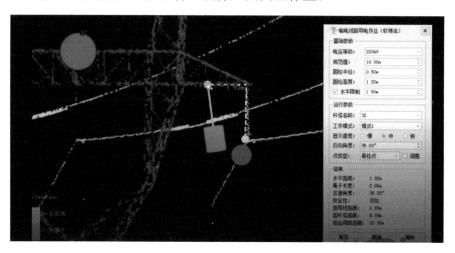

03 解决方案

（1）案例思路：以 M300RTK 搭载激光雷达采集激光点云数据作为基础数据，应用数字、智能手段进行数据处理分析，实现输电通道三维建模、航线现场规划切档、树障数据库自动更新、自动标注净空距离变化、自动预警紧急隐患、自动数据对比、自动标注砍伐情况、可视化看板展示，完成输电线路树障核心业务。

案例目标：优化输电线路管理模式，对线路走廊隐患做到可观可测可控。

案例原则：以数字化、智能化手段解决数据管理中的痛点、难点问题，做到数据准确。

（2）基本做法：

基于 LiDAR 点云数据自动提取 kml 坐标，实现无人机作业航线自动切档。首创基于 LiDAR点云数据自动提取 kml 坐标，实现了无人机现场作业航线自动切档。可根据 kml 坐标自动拾取杆塔高度，并依据杆塔横担尺寸确定最佳飞行高度。其次，依据 M300 电池电量裕度可单击选取首尾杆塔的飞行航线，提升现场航线规划效率的同时保证了航线安全。

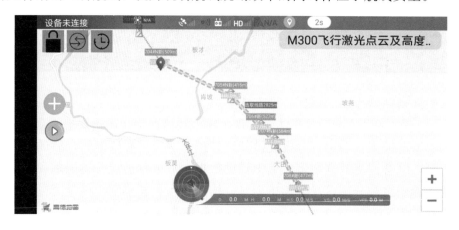

"python＋PATCH 机器人"技术相融合。

树障数据库自动更新，通过最新周期内树障数据与上一周期的数据对比分析，实现两期数据的自动化更新。

首次实现消失树障隐患点的跟踪与溯源，对于消除的树障隐患点，本项目可自动标注该处树障隐患点信息。其次，对于班组未掌控的树主自行砍伐的点，班组可借助本项目追溯树障源头。

首次实现自主识别新增树障隐患点，在数据库的树障信息中对比两个周期的数据，可智能化实现输电线路通道内新增树障隐患的精准核查和分析，自动更新数据库新增树障。

首次实现隐患净空变化动态更新，主要实现档距内同一位置处树障净空距离变化的识别和更新。

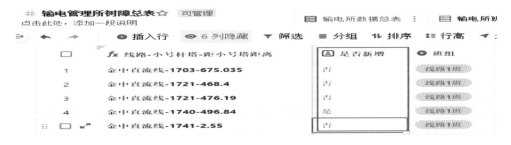

基于 PATCH 机器人特有的智能感知运算模式，解决了多班组无法联动，只能当面通过 Excel 表格传递再专人汇总的业务模式，实现对树障砍伐数据深度联动和实时跟踪。

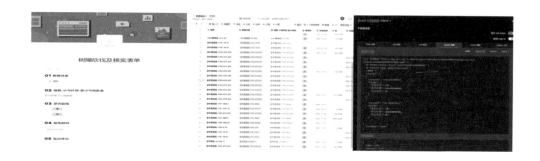

基于数字报表具有的可观、可测、可控的优点，解决了传统 Excel 统计表不具备直观可视化及预警推送功能，班组无法随时掌控班组树障隐患情况的壁垒，实现了数字化应用服务于输电业务现场的新格局。

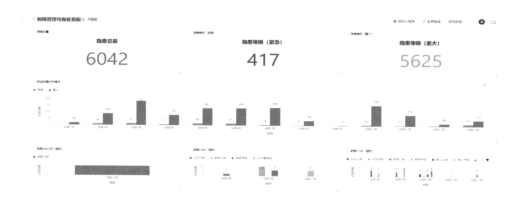

04 应用效果

（1）经济效益

目前，应用该技术避免通道隐患点造成跳闸的间接损失以主网架线路平均线路容量300MVA 为例：跳闸负荷被迫损失系数为 0.15，线路跳闸减少 0.04 次/百千米·年，停电抢修 1 次时间取 1 小时，挽回停电损失计算公式：$F*S*Cos\Phi*\eta*T*t*L*0.15/100$，其中：F 电费收益取 0.14 元/度；S 线路输送容量；$Cos\Phi$ 功率因数取 0.8；η 平均负荷率取 0.6；T 线路跳闸率；t 停电抢修时间，取 1 小时；L 巡检线路长度，依据上述计算，每年减少停电经济损失为 3 208 万元。

（2）社会效益

该案例已在南方电网超高压输电公司内部使用，使用情况良好，有效避免了线路跳闸等风险，确保了西电东送主网架输电线路安全稳定运行，具备全国内推广的价值。

基于无人机载波相位差分技术的弧垂测量方法

成果完成单位：国网浙江省电力有限公司温州供电公司

成果完成人：史锦阁　石玉峰　魏亚楠　闻君　姚晨希　沈国欣　项明俊　卢子涛　张新月　郑浩

01　成果简介

本案例基于无人机载波相位差分技术，研发出一种无人机测量架空线路弧垂的装置，实现了输电线路导线弧垂的高精度测量。传统方法使用经纬仪或全站仪等人工测量方法进行测量，存在测量精度不足的问题且智能化水平低。本案例利用无人机定位准确度高、操作便捷等优势，采集得到输电线路导线关键经纬度及高度信息，根据数学模型计算得到导线弧垂，极大地提高了测量效率和准确度。

02　应用场景

本案例适用场景广泛，装置不受地形影响，无需测量人员到达塔位或登塔，在复杂山地仍可远程测量，同时可在雾天进行施工架线弧垂定位工作，解决了雾天无法架线施工的难题。

相较于传统的经纬仪或全站仪测量弧垂，使用基于无人机 RTK 技术的弧垂测量方法测档距弧垂主要有以下三个优点：

提高弧垂测量精确度。由上述测量过程可知，无人机 RTK 技术提升了弧垂测量精度。同时，针对小档距的线路人工爬塔挂设驰度板，无人机 RTK 弧垂测量方法能更准确地测出弧垂大小，克服了小档距线路无法使用经纬仪或全站仪测量的难题。

测量方便，无需复杂计算。使用 RTK 测量弧垂，无需携带沉重的仪器设备寻找合适的观测位置，可以直接在山脚起飞进行测量，省时省力，在提高精确性的同时降低了工作强度，将传统的 60 分钟弧垂测量时间缩短至现在的 10 分钟，极大地提升了工作效率；RTK 技术测量弧垂无需复杂计算公式，只需进行拍照，导入搭载自研算法的应用程序，即可得到准确的弧垂大小。

提高输电线路智能化水平。填补了人工进行弧垂测量这一不足之处，探索出一个无人机工作新的发展方向，为输电线路智能化打下坚实基础。

03　解决方案

（1）整体方案思路

RTK 无人机具有厘米级的定位精度，能精确采集到待测导线上的三个关键点高度及经纬度坐标。根据物理知识与数学模型可知，导线排列非常近似于三元二次方程，挂点连线符合三元一次方程。根据弧垂定义可知：弧垂是指档距中央，导线两挂点连线至导线之间的铅直距离，因此只需建立坐标系，代入 X1、X2、X3 坐标建立三元二次曲线，代入 X1、X3 建立三元一次直线，在档距中央进行做差，即可测得档距中央挂点连线至导线之间的铅直距离，即弧垂大小。

（2）方案目标

充分利用无人机在输电线路中的普及应用，研制一种无人机测量架空线路弧垂的装置，摒弃笨重的传统测量仪器，使用无人机作为替代，利用无人机快速到达观测地点，对导线定位准确度高的特点实现输电线路导线弧垂测量。

（3）具体操作方法

使无人机云台镜头保持 0°，镜头中央对准两基待测杆塔挂点，通过拍照方式采集挂点高度；

将无人机飞至塔顶，使无人机云台镜头保持 90°，镜头中央对准两基待测杆塔挂点，通过拍照方式采集杆塔挂点经纬度坐标；

将无人机飞至档内导地线任意处，使无人机云台保持 0°，镜头中央对准待测导地线任意一点，通过拍照方式采集待测导地线档内任意点的高度；

将无人机飞至导地线上方，使无人机云台镜头保持 90°，镜头中央对准待测导地线步骤 3 中所采集高度点，通过拍照方式采集该点的经纬度坐标；

设两端杆塔挂点经纬度坐标为 X1（X1，Y1，Z1）、X3（X3，Y3，Z3），导地线坐标为 X2（X2，Y2，Z2），导入至搭载自研算法的应用程序，即可得到弧垂大小。

（4）创新组织和支撑保障

团队共由 10 人组成，其中 3 人为高级工程师、高级技师，3 人为工程师、技师，4 人为助理工程师，10 人均为大学本科以上学历，高学历人才占总人数的 100%，具有设计新工具的基础和能力。小组成员始终以安全生产为己任，锐意求新，积极进取。

04　应用效果

（1）安全管理提升

实现在山脚、山腰即可起飞无人机测量弧垂，避免传统测量人员爬山、搬运仪器的危险性，极大地提升了生产单位的安全管理水平。同时运维人员在日常的工作中即可进行弧垂测量，实时关注线路运行的安全性和稳定性，提升了线路安全运行的管理水平。

（2）生产效率提升

无需爬山、选点架设仪器以及繁杂的计算过程，将传统平均 60 分钟测量时间缩短至现在的 10 分钟，并且只需将要求点的拍摄照片导入至 App 中，即可得到所需弧垂大小，应用"人人都会、测量都对"的弧垂简易测量方法提升了输电线路的智能化水平。

（3）经济效益提升

告别传统针对性进行弧垂测量的人员配置模式，实现运维人员在日常的工作中即可进行弧垂测量，节约测量人员针对性配置的费用开支。

（4）社会效益提升

解决雾天架线施工的难题，为现场政策处理及部分封道施工节省大量时间，一定程度上促进公司与居民的和谐关系，提升公司的社会形象与名誉。

（5）生态效益提升

减少作业车辆选点、转点测量以及开到山顶的里程数，积少成多地减少碳排放量，契合"碳达峰、碳中和"的国家双碳目标。

开关室智能操作机器人在变电站开关室的巡检与操作应用

成果完成单位: 杭州申昊科技股份有限公司

成果完成人: 吴海腾 毛泽庆 邹治银 玉正英 李徐军 杨子赫 罗福良 刘 钊 承永宏
汪 磊

01 成果简介

项目通过结合多传感器信息融合的自主精确导航、机械臂柔顺运动控制、3D机器视觉定位、目标图像AI自动识别等巡检操作应用技术,开发了开关室智能操作机器人。机器人可自主完成开关室(停役－复役)日常倒闸操作、远程紧急分闸、保护装置查看与复归、常规巡检等任务,能够替代或辅助人工应急操作,大大减少工作人员的工作负担,缩短故障处理时间,保障作业人员的人身安全及电网安全,从而加速推进数字化运维。

02 应用场景

变电站的规模越来越大,开关柜设备也越来越多,传统的倒闸操作模式逐渐不能满足电力系统发展和社会连续用电的需要,运维人员不仅要负责传统的倒闸操作和巡视,还要负责部分设备维护、消缺和检修等工作。另外,工作人员对开关柜设备进行故障检测、带电作业时存在一定的安全隐患,威胁工作人员的生命安全。其一,在远程分闸、就地分闸失效的情况下,需要人员就地执行断路器紧急分闸,然而人员就地分闸存在安全风险,且故障分闸有时效性的要求。其二,由于线路检修或计划停电,需要频繁进行冷、热备用、检修状态的转换等倒闸操作任务,存在人工往返现场时效性差、任务重的问题。

以安全、精准、智能为核心的开关室智能操作机器人整合机器臂安全控制、视觉识别与定位、开关柜操作与检测和移动机器人等技术,搭载灵活安全的协作六轴机械臂,配合高精度3D相机,替代人工完成开关柜紧急分闸、倒闸操作等操作任务,并配备可见光摄像机、红外热成像仪、局部放电传感器等仪器,实现开关室环境的智能巡检。运维人员可通过远程平台完成开关室操作和巡检任务,不仅能够大大减少工作人员的工作负担,提高设备检测的精度,也能够减少人工操作,减少电力事故的发生。

03 解决方案

(1)目标和原则

融合各类先进的机器人技术,安全可靠地实现中压开关柜的倒闸操作和开关室的智能巡检,消除变电站倒闸作业中的安全隐患,提升作业效率,降低运维成本,破解当前改造升级的难题,提升运检工作数字化与智能化程度,推动国网"两个代替"在开关室落地推广。

(2)整体思路

要真正实现机器人的推广应用,机器人必须具备体积较小、运动灵活的特点,且无需对站内设备进行改造即可完成开关柜手车运行、冷备用、检修状态间的倒闸操作,还需完成开关紧急机械分闸、保护装置信息查看复归、设备状态确认、设备巡检等工作。根据上述思路，机器人系统包括车体底盘行走装置、机械臂单元、末端操作工具、地刀操作组件、双视云台、局部放电传感器、供电/充电装置、本地操作后台及远程集控平台组成。其系统框架图与系统组成如图1、图2所示：

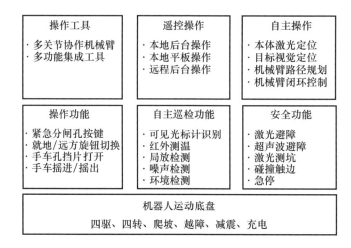

图1 开关室智能操作机器人系统框架图

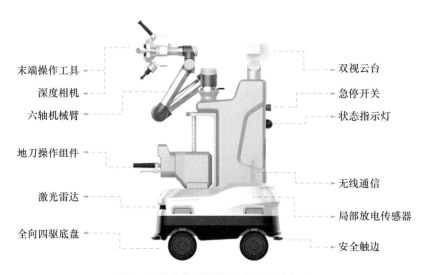

图2 开关室智能操作机器人系统组成

（3）创新内容实施

开关室环境下的机械臂安全控制应用。基于机械臂柔顺控制技术与视觉技术，利用相机采样和障碍物物理映射相结合的机械臂动态避障规划方法，实时计算机械臂当前的安全位姿信息，并规划出一条无碰撞路径。

开关柜操作工具的3D姿态较正与目标定位。基于移动平台相机拍摄姿态矫正技术与检测目标图像AI自动识别技术，实现开关柜操作工具的3D姿态较正与作业目标定位，且定位精度优于1mm。

开关柜断路器手车的智能驱动控制。基于扭矩曲线多点判断技术，实现断路器手车快速摇进摇出操作与到位判断，且驱动时间小于20s。通过机械臂末端工具浮动装置和零扭矩控制技术，实现工具与开关柜手车的安全接驳。

开关柜接地刀闸的安全操作与冗余检测。基于力、声、光的开关柜接地刀闸操作检测技术，利用两种以上非同源信号实现大扭矩接地刀闸的安全操作与稳定检测。

操作机器人快速部署。基于操作复用与模拟调试技术，在不停电、非接触的情况下完成模拟调试，将停电调试验证转为模拟调试和停电验证，大大加快机器人的部署，减少停电时间。

（4）创新组织

产品研制初期与国网用户密切联系，并成立产品研发与试点团队，深入一线试点，率先在绍兴西湖桥变部署应用。

图3 国网绍兴西湖桥变试点情况

（5）支撑保障

产品目前已在浙江、江苏、辽宁等多地推广应用，公司组建专业技术团队与业主单位、设计院进行充分勘察论证，完成设计施工材料，并与业主方修订完善运维管理规范，保障机器人部署应用。

04 应用效果

开关室操作机器人以巡检机器人技术为基础，不断创新攻克突破了开关柜操作与检测技术，使机器人的业务范围不再局限于巡视工作，迈出了运维业务机器代人进程中的重要一步。

本产品主要面向的是电力行业，其中以国家电网公司和南方电网公司为主，其余应用领域包括铁路牵引变电站、火力发电厂、冶金和化工等高电耗企业等。

电力行业是国家重点投资领域，其产值占GDP总量的5%左右，市场规模庞大。本产品能直接应用于开关站的日常和特殊巡检工作，为变电站的开关室电力设备的安全运行提供强大的技术保障，产生直接的经济效益。若按浙江省的5万个变电站数量计算，按照一机一站配置，按照每台机器人均价计算，仅浙江省的市场容量就有几十亿，再加上全国其他地区的配电房以及其他电力场所，本产品可达到上百亿的市场规模。另一方面，该机器人产品能提高变电站（开关室）电力设备的状态监测与维护水平，大大降低故障损失，间接带来巨大的经济效益，并可减少因停电造成的社会影响。此外相关共性关键技术可进一步应用到其相关领域，推动科技进步。

图4　新华网、电网头条新闻报道情况

输电线路智能运检解决方案

成果完成单位： 国网浙江省电力有限公司宁波供电公司，宁波送变电建设有限公司永耀科技分公司

成果完成人： 江　炯　程国开　杨霄霄　王　猛　王会分　孙　珑　豆书亮　潘文鹏　王　刚　陈　惠

01　成果简介

为进一步解决输电线路运维人员增加与电网规模增速不匹配、人工为主的运检模式和碎片化的管理模式无法快速发现本体缺陷、通道风险等问题，国网宁波公司结合实际运检经验，创新通道可视化设备、智能防外破装置、复合绝缘子非接触式机载探测装置、输电线路导线精灵、长航时无人机机巢、三维点云测距设备、输电线路通道拼图软件、人巡智能终端等新技术、新设备与输电传统运检业务的融合应用，建设以数据为核心的集感知、分析、管理、决策一体化的数字化智能运检场景，全面提升输电线路运维保障水平。

图 1　输电线路数字化智能运检建设

02　应用场景

国网宁波公司输电线路智能运检解决方案主要体现在以下应用方面：

一是依托输电线路全景监控应用群，明确输电线路巡视策略、调整巡视周期，以全景可视化智能设备开展通道巡视，以长航时机巢无人机开展空中巡视，以智能防外破装置开展外破预警监控，以基于无人机点云数据开展输电线路导线弧垂测量、定位测距判断输电线路通道"树线"距离和"机械与导线"距离、以创新研发的非接触式机载探测装置开展带电检测复合绝缘子芯棒碳化、局部放电、内部导通等多种缺陷识别，以通道快速拼图技术研发为支撑开展输电线路廊道全景式拼图，提升通道环境隐患发现能力，以"导线精灵"开展输电线路运行状态监测，实现输电线路立体化智能运检；

二是以班组和群众护线开展到位巡视与应急处置、以监控中心为枢纽发起预警工单并跟踪监督线下处置进度，切实提高隐患排查、跟踪、处置效率，确保输电线路本质安全，形成中心级集中监控、班组级分级应用的工作模式；

三是创新研发覆盖输电运检业务全过程的输电线路数字管控应用模块，打造基于数字化牵引电力系统的输电数字化业务体系，对输电业务所有数据进行收集和深度融合，实现运检数据的精准分析和可控预警，为运检管理决策提供有力支撑，实现生产指挥及决策的高度智能化和集约化，推动输电生产模式从"分散现场管控"向"集约远程指挥"转变。

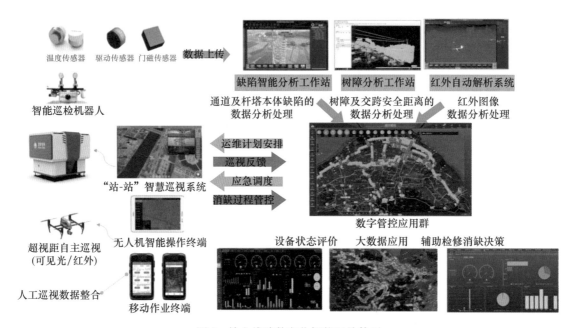

图2　输电线路数字化智能运检体系

03　解决方案

（1）长航时无人机巡检应用

在国网公司"数字化建设打样班组"机巡作业班运维管辖的线路区段部署7座长航时机巢，建设基于"变电站－变电站"全方位远程自主起降的无人值守机巢，搭配长航时无人机，40分钟内可完成21.66千米，60基杆塔巡检任务，实现输电线路通道"蛙跳式"、通道＋杆塔精细化"插花式"的通道不间断自主巡视、图像实时传输和缺陷自动识别。

图3　输电线路密集通道与机巢分布范围图

（2）点云弧垂测量技术应用

试点应用无人机三维激光点云建模下的弧垂测量软件，实现地线弧垂、小档距线路弧垂、特殊地形弧垂的精确、快速测量。大幅度降低劳动强度，测量效率较传统人工测量方式提升 80%。

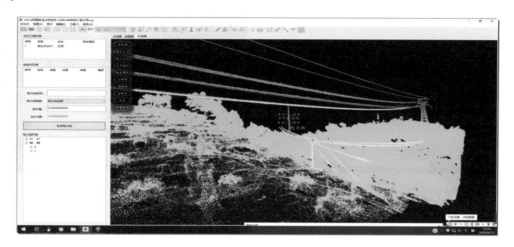

图 4　输电线路点云弧垂测量软件界面

（3）非接触式机载探测装置应用

班组成员联合高等院校创新研发复合绝缘子非接触式机载探测装置，实现带电检测、高效识别复合绝缘子芯棒碳化、局部放电、内部导通等多种缺陷，提高检测运维效率。

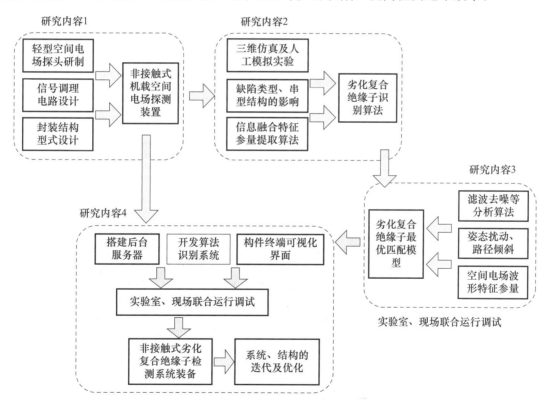

图 5　输电线路复合绝缘子非接触式机载探测装置研制技术路线

（4）通道快速拼图技术应用

中心青年员工积极参与、牵头完成无人机通道快速拼图新技术应用，研发出输电线路廊道全景应用软件，通过特征点匹配算法将多张序列图像拼接，形成连续完整的输电线路廊道全景式拼图。针对不同时段的廊道拼图，开展通道环境变化情况对比分析，机巡图片处理效率提高约5.5倍，施工机械等通道隐患发现率提高约1.8倍。

 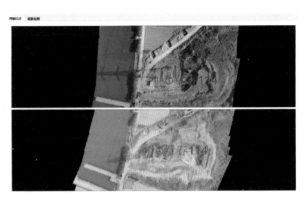

图6　输电线路通道快速拼图软件界面　　　　图7　输电线路通道快速拼图同轴比对应用成果

（5）三维点云测距技术应用

以线路点云数据模型为基础，将三维空间坐标系中的固定物体与定时抓拍图片相关联，实现输电通道外力破坏隐患的抓拍测距、精准测距，为监控人员决策判断提供精准数据支撑，进一步发挥数据信息资源价值，提升输电运检精细化管理水平。

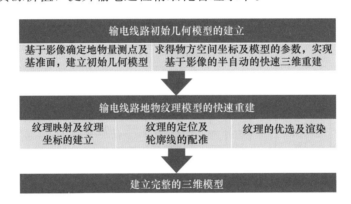

图8　实景三维建模算法程序的编写流程图

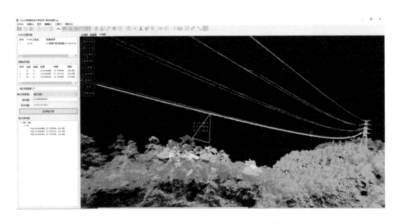

图9　线路通道（距离测量）三维建模效果图

（6）智能防外破预警体系建设

在浙江省内首创智能防外破设备，通过建立"线路电子地图"，在吊机等特种车辆上安装基于北斗卫星定位技术的智能防外破装置,实现大型施工机械进入保护区后在线派单、位置跟踪、实时联动、应急处置、反馈闭环的全流程标准化处置。截至2023年3月底,累计安装智能防外破装置1850余套,累计预警8.5万余条,外破跳闸率同比下降80%。

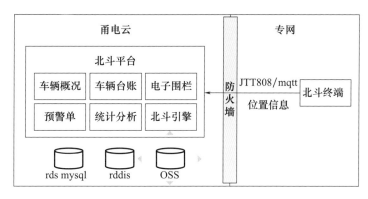

图 10　基于北斗定位技术的智能防外破模块总体架构图

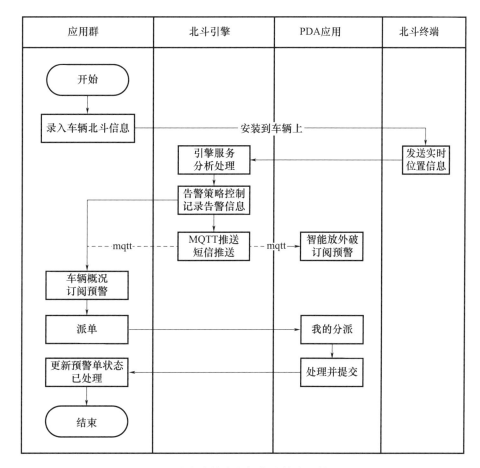

图 11　基于北斗定位技术的智能防外破预警业务流程图

04　应用效果

(1) 管理水平

输电线路智能运检解决方案是从输电生产一线孵化而出的,实用性强,能有效应用于主网输电线路的运检和保障,做到效率和能力双提升。该成果可深化浙江省"空天地"人机协同巡检模式的开展，对带动其他地区人机协同智能巡检工作的推进有着很大的帮助，具备在全浙江省同行业复制的条件。

（2）生产效率

输电线路智能运检解决方案提出的智能巡检策略成功应用以来，输电线路人"机"协同通道巡检比例达到 90％以上，有效替代大部分人工巡视，线路通道隐患应急处置效率提升 50％，人工成本降低 80％，车辆成本降低 50％，统计报表自动生成率达 90％。

（3）经济效益

该策略成功应用以来，超额完成的设备巡视，累计可折合直接经济效益 2951 万元。同时，折合减少输电线路故障跳闸 21 次，间接经济效益达到 1249.7 万元，经济效益显著。

（4）社会效益

输电线路智能运检解决方案全面助力输电线路运检质量和果效双提升，通过提升输电线路运行可靠性使电网达到最优的经济运行，提高社会的经济效益，提高居民生活质量和生产企业安全稳定运行，促进电网运行管理走向定量化、择优化、有序化的现代化管理。

（5）生态效益

输电线路智能运检解决方案重点依托在线监测、无人机、机巢、移动巡检终端、各类新技术应用实现输电线路智能化运检，通过"机器代人"极大地减少作业人员劳动强度，降低作业安全风险，实现输电通道隐患精准化管控、输电业务运转效能再提升。

绝影 X20 四足机器人智慧电力巡检案例

成果完成单位：杭州云深处科技有限公司

成果完成人：朱秋国　李　超　陈申红　周燕鑫　贺晓伟　马尊旺　胡雪亮　莫小波　贺泱铃　逯海峰

01　成果简介

浙江某变电站采用云深处科技的绝影 X20 四足机器人智慧电力巡检系统，作为集行走、跑步、跳跃和倒地爬起等运动能力于一身的智能化设备，在不改变原有环境的前提下，经过长期实地验证测试，绝影 X20 实现室外鹅卵石、草地、陡坡等非结构化地形的高适应性，还通过了交界处的各种台阶、楼梯等障碍物，结合数字化系统集成，实现从数据收集到后台接入、数据分析、报告生成、缺陷预警的四足机器人全流程巡检。

02　应用场景

浙江某变电站巡检点空间狭窄，环境复杂，进入室内需要经过台阶、工业楼梯及各种障碍物，室外有石子的路面、草地、泥地等不同路面。人工巡检方式难以完全满足现代化变电站安全运行的要求，传统电力巡检机器人多为轮式，无法在不规则地面连续作业，巡检盲区较多，巡检路线不能灵活配置。无法打通室内室外，固定点位摄像头或巡检机器人部署种类多、运维工作量大。若对环境进行改造，成本巨大。

本案例将本站建设为状态全面感知、信息互联共享、人机友好交互、运行环境全面监控，运检效率大幅提升的智慧换流站示范站，进一步提升无人值守、智能巡检的智能化程度。

03　解决方案

（1）整体案例思路、目标和原则

该项目应用的绝影 X20 四足机器人智慧电力巡检系统将绝影 X20 四足机器人、智能巡检平台、数字孪生技术与电力行业应用紧密结合，实现从自主导航规划路径，到采集巡检数据、生成巡检报告，再到自主充电、循环作业的四足机器人全流程巡检（如下图），包括：设置巡检点位与任务，部署在线监视系统；根据任务模型自主规划路径；自主巡检，采集巡检数据；实时上传巡检信息，发现缺陷进行预警；完成作业，生成巡检报告；自主充电，定时开展例行巡检。

（2）重点创新内容实施

绝影 X20 四足机器人智慧电力巡检系统包括整套智能巡检平台，满足可视化巡检任务配置、云台数据回传、地图显示、远程调度、AI 分析、异常状态报警、双向对讲等核心功能，可全程接入集控系统。

绝影 X20 四足机器人智慧电力巡检系统分为三层体系架构：

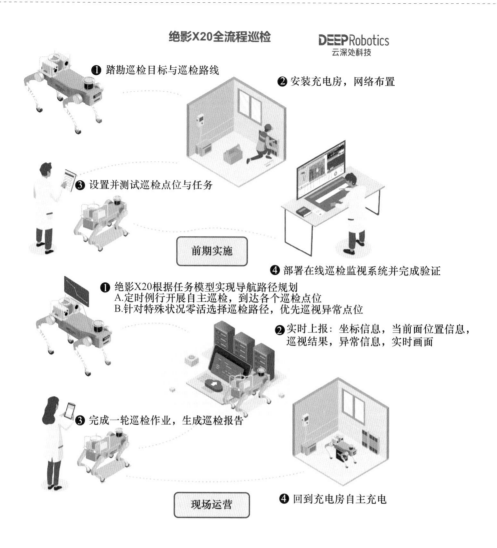

四足机器人系统。绝影 X20 四足机器人智慧电力巡检系统运行于变电站主控楼室内设备工作区域，接受任务指令对设备进行可见光、红外等信息采集。

本地监控后台。本地监控后台部署于各无人变电站主控室，通过和狗载系统的数据交互，完成实时监控、单站巡检任务派发、视频存储、图像智能识别、红外分析、数据报表分析、数据检索及用户交互。

远程集控后台。远程集控后台部署于集控运维站控制室，通过远程监控各变电站智能巡检机器人的状态及巡检信息，供运维人员完成变电站任务编排派发、变电站巡检信息查看、图像视频浏览、数据分析报表与设备查询。

（3）创新组织和支撑保障

为了有效实施绝影 X20 四足机器人智慧电力巡检系统，需要建立相应的创新组织和支撑保障机制，主要包括以下几个方面：

① 成立项目组

公司单独成立电力巡检四足机器人项目组，由相关研发、技术人员组成，负责绝影 X20 四足机器人智慧电力巡检系统的技术研发和项目实施。

② 制定规章制度

建立创新组织规章制度，规范项目组内部的工作秩序，进一步提高工作效率。

③ 建立国际合作机制

建立国际合作机制，与国内外相关高校、研究机构和上下游企业进行合作，共同推进四足机器人智慧电力巡检的发展。

04 应用效果

绝影 X20 四足机器人智慧电力巡检系统的应用与推广，将使得现有的巡检和探测任务变得更加智能化、信息化、经济环保化，符合我国制造业数字化改造的需求。在经济效益方面，绝影 X20 四足机器人可提供 24 小时不间断的实时监测和巡检作业，按每台绝影 X20 四足机器人替代 3～4 位专业巡检人员，每个变电站/配电站/换流站配备 2～3 绝影 X20 四足机器人，相当于每年可节省 10 位左右巡检人员约 200 万的人力成本，也可大幅提高巡检效率和管理效率，有效地避免因故障未及时发现而造成的安全隐患和经济损失。同时，使用可再生能源供电，可以减少对传统能源的依赖，降低对环境的污染和破坏，从而促进生态文明建设。

项目执行期内累计实现销售合同额 1000 万，带动核心零部件及业务软件系统等上下游产业链的快速发展，预期带动的综合产值将达 0.5～1 亿元。

配网工程管控监理机器人在配网工程中的应用

成果完成单位：杭州申昊科技股份有限公司

成果完成人：吴海腾　夏　天　李　贝　张灿伟　玉正英　严　静　李徐军　罗福良　邹治银　花聪聪

01　成果简介

配网工程管控监理机器人是一款基于"全景＋细节"双摄技术，为辅助监理人员对配电网工程现场安全管控为目的应用型机器人，该款机器人基于监理旁站工作为核心，使用图像识别、影像追踪、视频图像融合等新技术，实现了对配电网施工作业现场作业流程管控，并对施工作业安全、工器具使用安全等 11 类现场安全需求进行实时预警，以及针对配电站房施工、架空线路工程等 24 类作业场景的标准作业流程和施工质量进行监督核查。

02　应用场景

配网工程管控监理机器人是通过机器视觉的配网工程管控模型及识别算法研究建立起来的、基于机器视觉的配网工程基础模型，得到配网工程作业边界识别算法、作业现场模型全过程评估方法，实现配网工程建设过程中行为预判、危险行为检测、风险预警识别、标准工艺检测等。通过基于深度学习的配网工程全景动态检测技术研究实现多延时状态下图像处理，形成基于深度学习的配网工程现场声、光智能联动告警技术、态异常等检测告警，形成工程现场管理的人脸识别、施工着装、行为规范等应用检测体系；实现配网工程现场全场景智能化管控、工程场景下广义设备自动巡检、缺陷检测特定目标识别。通过云端协同的配网工程现场作业分析决策系统研发与应用实现图像/视频样本的采集，达到高精度识别对象的能力，实现对配网工程的高精度识别、动态感知与智能管控。

03　解决方案

（1）建立基于深度挖掘的可视化管控技术体系

首先基于配网工程作业现场多场景视频、声音、环境等信息的一体化采集技术，及时获取作业现场的实时信息；开展多路视频全景拼接融合技术研究，结合多元信息可视化技术，构建配网工程作业现场的实时全景可视化，实现作业现场可视化监控。配网工程管控监理机器人具有前端的智能分析能力，可实现人员作业行为的实时识别，并结合现场作业工作票的智能分析，可对作业现场作业的规范性进行自动判别。同时，通过对现场作业全场景信息的深度挖掘，利用多元信息的融合分析，实现配网工程作业任务评估与规范评价，有效保证配网工作作业过程的规范性，保证配网作业的实施质量。

（2）设计全方位安全监控一体化方案

基于移动视频采集终端、5G 通信、边缘计算平台以及配网工程人体施工行为异常等训练样本库，利用深度学习的机器视觉图像识别技术，建立工程现场管理的人脸识别、施工着装、行为规范等应用检测体系。此外，基于可见光摄像机等传感器，建立对配网工程场景下的广义设备缺陷，运行工况异常等缺陷进行检测，实现"感知、分析、服务、指挥、监管"五位一体，解决配网安全生产过程中的问题，让前端现场作业更加智能，让后端管理更加高效。同时实现前端现场作业和后端管理的实时联动、远程作业指导与监护、信息的同步传输与存储以及数据的采集与分析，从而实现多设备联动、设备缺陷检测、非法作业识别、不规范识别、违章告警、现场作业规范指导、远程作业监控指导、作业任务评估与规范评价，提高配网工程全方位安全监控的能力。

（3）研制配网工程管控监理机器人装置

针对配网工程前端化分析的需求，形成 GPU、FPGA、CPU 不同硬件架构下性能、成本、功耗等的对比技术方案，研制低功耗、高性能、性价比高的前端化运算装置。梳理并分析形成的配网工程管控模型及识别算法，采用包括网络裁剪、量化压缩、知识蒸馏等方法在内的模型轻量化技术和原生的轻量化模型设计技术，降低模型的规模和计算复杂度，以提升算法在前端运行的性能，实现项目成果在机器人前端的部署和应用。

调研配网架空线路、配网电缆线路、台区、低压接户线及集表箱等不同场景下配网工程现场监理作业的工作环境、工作过程、监理工作的注意事项等，调研常见的巡视监理及旁站监理、现场签证等不同类型的监理方式的工作特点。

针对配网工程监理机器人不同监控及识别目标的需求，开展配网工程监理机器人及装置检测采集装置的研究，实现配网工程现场可见光、声音等多元信息的有效采集，研究基于云边融合的智能识别框架，实现人员身份、属性、行为等信息的实时性、高精度识别。开展基于物联网技术的多机器人协同监理技术研究，利用多个机器人及监理装置的配合，构建基于机器人技术的配网工程全场景的安全监理框架。

04　应用效果

本项目在配网工程实施和运行方面开展基于机器视觉、深度学习、人工智能、机器人等领域的技术研究，为电网数字化新基建建设赋能，是促升级、优结构、提升经济发展质量的重要环节。国家电网新基建建设致力于抓住新一轮科技革命机遇，大力发展数字经济，推动产业优化升级。在此基础上，进一步加快新型基础设施建设，加速信息技术与实体经济深度融合，使我国配电网建设的数字化、网络化、智能化转型步伐更加稳健，全面支撑配网工程数字化新基建建设。

对配网工程进行强化管控可以减轻配网工程建设运行人员的劳动强度，有效调动作业人员工作的积极性，提升配网工程现场的生产效率，增强施工人员自身的安全意识，降低出现安全事故的几率，确保施工人员的人身安全；可以降低电网在运行过程中发生危险的概率，保障安全配电网各个环节的安全问题，保障设计与施工作业都能够在安全的环境下进行，使得配电网的安全运行得到保障，也为社会经济的安全有序发展提供可靠保障。

全地域无人机智能巡检装置

成果完成单位： 国网湖南省电力有限公司超高压输电公司，湖南中电金骏科技集团有限公司

成果完成人： 杨嘉妮　杨利波　乔晓光　王　峰　何　成　刘兰兰　谢　镕　黄巧妍　肖乔莎
　　　　　　　刘桂钧

01　成果简介

为了解决"全地域"自主飞行、数据处理以及数据回传等问题，国网湖南省电力有限公司超高压输电公司联合湖南中电金骏科技集团有限公司共同研制"全地域无人机智能巡检装置"，实现了无（弱）信号区域的"自主巡＋实时传＋智能判"，推动巡检业务由"设备人工携带与维护/飞行手动操作/图像后端人工处理"的作业模式向"车载式仓储与自动充换电/飞行自动控制/图像前端 AI 处理"转变，巡视效率提升了 3～6 倍。

02　应用场景

随着无人机自主巡检的规模化推广应用，三个方面的问题逐渐凸显：一是无人机自主飞行仅能在有网络区域运行；二是无人机巡检后会产生大量影像数据，人工审核耗时长、效率低；三是通信信号的影响造成数据无法实时回传，无法保障隐患发现的及时性、有效性等问题。

创新内容：

（1）研制了车载星地一体高精度定位装置

使用该装置作为基准站，获取无人机在无（弱）信号区域的位置精准差分，完成全自主飞行作业，从而实现无人机在无弱信号区域的自主飞行作业，保障作业的连续性。

（2）创新完成了车载式缺陷识别算法部署

作业人员在单个架次完成后即可在车上完成缺陷识别及人工审核，仅将少量缺陷数据回传至系统后台，降低了数据传输数量级，减轻了后台缺陷识别的作业压力，提高了隐患发现的及时性和有效性。

（3）首创提出了"5G/4G＋卫星"的双链路通信方法

无人机在执行任务时，将获得的影像数据回传至车载通信系统，系统根据网络通信信号强弱自动判断并选择传输链路，通过"5G/4G＋卫通"全自动"无感"切换，实现了无弱信号区域数据回传，确保了通信信号的不间断，为电网应急保障提供可靠的技术支撑。

03　解决方案

（1）研制了车载星地一体高精度定位装置，实现了无人机在无（弱）信号区域自主飞行。

针对无人机无法在无（弱）信号区域开展自主飞行的问题，攻克多星多频卫星高精度定位技术，研制了车载星地一体高精度定位装置，攻克了 PPP-RTK（精密单点定位-实时动态定位）技术的星基服务。通过地面基准站网络对导航卫星信号进行连续跟踪观测并处理，通过地球同步轨道卫星和专有服务平台进行播发，提供星地一体化下的高可用改正数据播发服务。

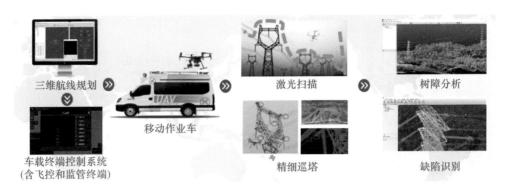

图 1   整装置设计思路

（2）通过部署车载端缺陷识别算法，实现边缘端缺陷识别。

针对无人机巡检后会产生大量影像数据，人工审核耗时长、效率低等问题，巡检车内部署了前端智能识别模块，无人机巡检的实时照片通过中控平台自动流转到智能识别模块进行缺陷识别，其识别率可达80％以上，通过对识别完成的照片进行人工复核后即可实时回传到无人机微应用平台。这种颠覆式前端实时识别作业模式，降低了数据传输的数量级，减轻了后台缺陷识别的作业压力，保障了数据传输的稳定性和实时性，提高了经济效益。

图 2   研制车载星地一体装置

图 3   边缘端缺陷识别

（3）攻克了全域数据实时传输技术，实现了不同网络环境下数据传输链路的无感切换。

针对通信信号的影响造成数据无法实时回传，无法保障隐患发现的及时性、有效性等问题，提出了"5G/4G＋卫星"的双链路通信方式。无人机在执行巡检任务时将获得的数据和图像视频回传到作业车上，由作业车上的通信系统负责传输数据，在离城镇较近的地方，5G/4G网络较好的时候，通过5G/4G网络传输，在5G/4G网络弱覆盖或失效时，由卫星通信系统完成通信链路建立和数据传输。

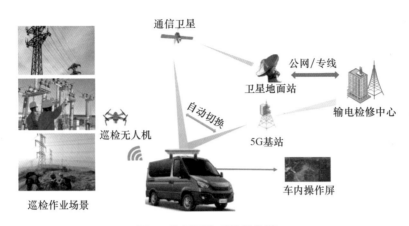

图 4　装置通信系统架构图

04　应用效果

（1）降本增效方面

通过现场使用统计，该装置每天精细化巡视杆塔数量为 40～80 基，人工单机巡视效率为 10～30 基，巡检效率是人工单机巡视的 2.4 倍。全年按 200 天测算，每年可完成 1.2 万基杆塔巡检，按照精细化巡视市场价每基 400～600 元之间计算，每年可节约 480～720 万元。

（2）效率提升方面

区域化多机协同作业，不同机型同时执行不同任务，也可在巡检装置覆盖范围内同步完成对输变配三个专业在区域内所辖设备的巡视工作，真正发挥出 1+1＞2 的效率提升。

（3）巡视质量方面

解决了无（弱）信号区域自主飞行难题，避免了在无（弱）信号区域无法作业采用人工手动操控无人机作业导致的巡检成果一致性差、质量参差不齐的现象，完成边缘端的缺陷识别功能部署，在单次作业完成后即可进行数据分析，利用奔赴各个巡检点的空隙时间，完成缺陷识别运算，确保了巡检成果的有效性。

（4）应急保电方面

采用"5G＋卫通"全自动"无感"切换，实现全区域实时数据传输。尤其是在应急方面，宽带卫星高速数据传输，为电网应急保障提供可靠的技术支撑。

（5）作业续航方面

无人机智能巡检车采用双电源供电的电力系统，锂电池给无人机电池供电、发电机给车上其他设备供电，在无外界电源供电情况下，可支持四台飞机满负荷工作 12 小时。

变电站二次设备智能化立体巡检

成果完成单位： 国网湖南省电力有限公司，国网湖南省电力有限公司电力科学研究院，国网湖南省电力有限公司怀化供电分公司

成果完成人： 肖豪龙　尹超勇　舒劲流　黄　勇　敖　非　梁文武　李　辉　刘永刚　张　欢　欧阳帆

01　成果简介

本案例应用人工智能、同源比对等技术，实现了多系统设备台账的精准匹配，建立了二次设备定值单和实时开关量基准值，实现了定值、开关量以及模拟量的远程自动核对，核对结果通过5G电力专网实时推送至移动端，现场巡检人员根据推送数据及时巡视异常设备，根据设备实际情况在移动端录入相关缺陷并及时整改，形成"远程校核—现场确认—缺陷录入—整改闭环"融合应用的立体巡检模式，解决了传统巡视设备数量多、巡视耗时长、记录数据多的难题，实现设备巡检自动化、智能化、高效化和移动化。

02　应用场景

基于二次设备强大的自检及在线监测功能，其对异常工况会有相应的告警及表现，通过二次专业人员巡检和分析，可以提前预判其存在的隐患，为状态检修工作提供基础数据，从而进一步提高继电保护正确动作水平。2014年起，湖南公司率先定期开展二次设备专业巡检工作，由检修人员到变电站现场对设备的模拟量、开关量、压板状态、定值、运行温度等进行逐项检查，及时发现、整改了多项设备缺陷隐患，有效提升保护正确动作率。

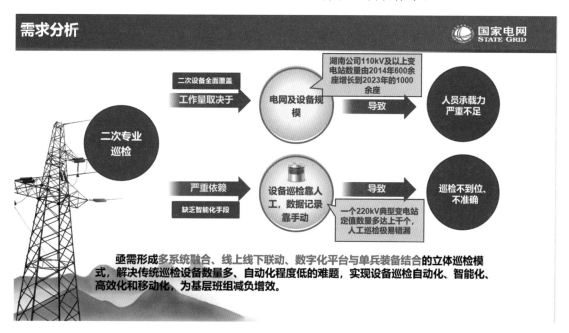

03　解决方案

（1）整体思路

二次设备巡视一直都是"设备巡视靠人工，数据记录靠手动"，传统巡视设备数量多、巡视耗时长、记录数据多，且二次设备数据分散，数据孤岛现象严重。本案例首先通过多系统台账的准确匹配，实现多源数据融合，基于多源数据开展二次设备开关量、模拟量及定值在线校核，异常数据推送至移动端进行现场确认，完成缺陷录入和整改，自动生成巡视报告，形成"在线巡视＋现场巡检"的全流程智能化、高效化、移动化、无纸化立体巡检模式，代替传统人工巡检；

（2）目标和原则

本案例目标是基于"程序智能识别＋人工线下确认"的立体巡检模式，逐步替代传统人工巡视，建立"识别—校核—录入—处理"的全流程管控模式，本着巡视数据线上化、巡视报告自动化、巡检装备移动化和现场巡检无纸化的原则，建立"web端＋移动端"立体巡检模块，减轻巡视人员工作量，提高巡检智能水平和效率。

（3）重点创新内容实施

针对多系统设备台账命名个性化强、匹配率不高的问题，梳理了多系统设备台账命名共同点，提取其中关键字，如间隔信息、设备类型信息等，划定匹配算法优先级，建立全类型设备匹配规则专家库，依据专家库匹配多个系统设备台账，实现定值单、设备以及上送的模拟量、开关量等相互准确关联；

针对二次设备模拟量智能比对无基准值的问题，通过设备台账与定值单关键字提取、智能匹配算法等快速找出二次设备中同源模拟量，如同一间隔的双套保护、线路间隔与母线间隔相应支路等，结合电流互感器变比智能核对同源模拟量幅值，并给出校核结论；

针对二次设备定值数量多、现场巡视不到位的问题，基于定值系统、PMS系统等关联数据建立二次设备基准值，通过智能比对算法与保信系统实时召唤值智能校核，快速生成比对结果；

校核异常结果将推送至移动端，提醒巡检人员及时现场核实，若核实异常，则可在移动端智能生成缺陷记录，全面跟踪巡视缺陷整改闭环。

（4）创新组织

本案例由国网湖南电力科学院全面组织协调，整体负责创新点1～3开发及应用。

（5）支撑保障

本案例由国网湖南电力科学院提供技术指导与资金支持，保障了智能立体巡检系统的开发上线以及全面推广。

04　应用效果

本案例技术成果自2022年12月已应用于湖南多地供电公司，解决了传统巡视消耗时间长、记录数据多、巡视频次低等难题，提升了设备巡检智能化水平。

（1）提供"识别—校核—录入—处理"的全流程管控模式，能够实现巡检作业流程智能化、数据线上化和缺陷管理闭环化，为故障溯源提供可靠数据支撑，提升了专业管理水平。

（2）开发的移动端立体巡检模块可以大幅提高巡视效率，将220千伏变电站全站二次设备巡视时间由人工12小时减少到3小时，极大提升了公司生产效率。

（3）基于专家库规则、同源比对技术的智能比对算法，将二次设备模拟量、开关量以及定值巡检由每年1～2次提升至每天1次，可以及时快速发现设备隐患，降低二次设备误动、拒动风险，提升电力供应可靠能力。

（4）降低人工劳动成本。通过减少人工巡检工作量和设备操作时间，预计每年可节省人力成本几百万元。

（5）通过本模块发现了多个装置定值与定值单不一致的情况，有效地保障了设备运行的安全水平，大大缩短停电时间，产生了良好的经济效益和社会效益。

全国首个海岛（平潭）无人机网格化
自主巡检示范区建设

成果完成单位：国网福建省电力有限公司福州供电公司

成果完成人：陈文彬　董剑峰　陈伯建　林川杰　林　健　朱儒强　吴瑞鹏　何　勇　林　啸
陈　錡

01　成果简介

海岛作为航运、海上风电传输的枢纽，由于地形复杂导致人口及工业集中于部分区域，天然形成了网格化布局。采用无人机替代人工进行输配电设备自主巡检，可以在保障巡检质量的同时，顺应网格化布局可以大幅度提升工作效率。基于上述特点，我们课题组构建了平潭海岛无人机机场网格化协同巡检方案，以变电站为网格中心覆盖周边输配电设备，实现7×24小时跨专业协同作业，实现由人工手动飞行向智能自主飞行的转变和单线巡检到区域巡检的转变。

02　应用场景

平潭岛位于福建省福州市东南部，东临台湾海峡，作为典型的海岛场景，平潭具有以下三个特点：

（1）航运发达。平潭是海峡两岸"三通"的综合枢纽和主要口岸。为保证对台客货流动顺畅，提高供电质量，减少停电时间是重中之重；

（2）风电众多。随着国家"碳达峰碳中和"战略的推进，目前平潭已有大练、外海、长江澳等海上风电项目。为保证电能送出畅通，提升巡检质量，保障输电能力极为重要；

（3）设备集中。平潭岛地形多样复杂，诸多区域不适合居民定居或产业发展，人口及工业集中于部分地区，电网各类设备也相对集中。这类海岛环境的用电特征，天然形成了网格化的地理布局，采用无人机网格化巡检效率极高。

基于平潭海岛的特殊要求，本案例形成创新点如下：

（1）基于无人机、可视化设备实现了海岛网格化协同巡检。以变电站为网格中心并覆盖周边输配电设备，满足多专业多任务共用，打破市县巡检界线，实现7×24小时跨专业协同巡检；

（2）基于数字化专家系统实现了任务自动下发。系统根据各专业运维策略制定巡检优先级，按工单形式自动下发巡检任务。

（3）基于人工智能技术实现了巡检图片缺陷智能识别，避免了大量人工审核工作。

03　解决方案

（1）案例整体思路

基于平潭岛的典型海岛场景，以无人机、可视化设备替代人工巡检，实现区域覆盖，多专业协同。整体思路如图1所示，分为设施建设与平台建设两部分，设施建设主要是机场建设部署；平台建设主要是建立完备的数字化支撑平台，通过业务系统与机场统一调度模块的协同交互，引入专家系统及人工智能先进技术，实现业务工单自动下发、无人机网格巡检、巡视数据智能研判等能力。

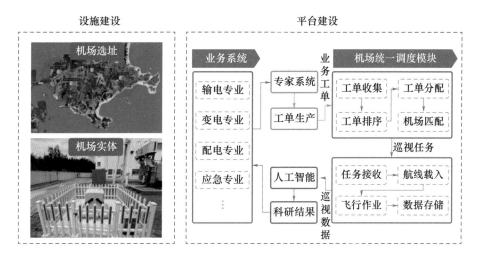

海岛无人机网格化巡检构建流程

（2）目标和原则

目标是针对海岛特殊环境，以无人机等智能设备替代人工工作，根据智能设备替代情况对现有运行标准和要求进行修订，使标准同步于先进生产力。

原则是保证多专业巡视质量，助力平潭综合实验区发展；减少人工巡视，避免复杂环境下的作业风险。

（3）重点创新内容实施

基于无人机等设备实现海岛网格化协同巡检。以3千米作为单个机场的覆盖范围，根据输变配设备位置、海岛地形特征等因素确定机场位置，进行航线智能规划，为一键飞行作业提供坚实基础；完成了4套机场部署，可覆盖13条输电线路、4座变电站、61条配电线路，无人机自主巡检覆盖率达93.6%；结合可视化装置，可实现岛内主网设备100%智能巡检覆盖。

基于数字化专家系统实现任务自动下发。建立数字化平台，自动提取业务系统中各专业实时业务数据，构建各专业运维策略专家系统，智能制定巡检优先级，自动下发任务工单。基于该专家系统，实现了业务管理繁琐流程的自动化，推动隐患处理及时率提升了39%，外破预警及反馈时长缩短了65%。

基于人工智能实现巡检结果智能识别及分析。针对各专业设计人工智能缺陷识别算法，巡检完成后，分专业将巡检结果进行缺陷分析，实现输电线路塔身异物、导线损伤、缺销等缺陷的智能研判，并将结果传回业务系统，实现缺陷闭环管控，实现缺陷识别率提高52%。

（4）创新组织

"一个排头，多专协同"。供电公司运检部牵头，以输电中心作为排头推动进程，变电专业和平潭公司共享业务数据，实现深度协同。

（5）支撑保障

国网福建机巡中心作为全省无人机管理单位以及无人机作业管理平台的开发单位，负责无人机业务的技术支撑。

04 应用效果

（1）管理水平

智能化巡检计划、任务、成果管理全部线上化，避免以往经验式运维导致的漏巡等问题，根据运维要求自动制定整体策略，根据优先级自动分配任务，巡检成果自动回传后人工智能分析，缺陷评估后同步生产管控系统（PMS3.0），实现计划管控智能化，巡视不漏杆段、缺陷不忘筛查。

（2）生产效率

人工巡检1人1天约3基杆塔，无人机网格化作业时间可达7×24小时，1机1天可达28基杆塔，其生产效率提升近10倍，各专业人员足不出户便可实时查看设备运行状态，"一趟不用跑"，节省通勤和人工成本。

（3）经济效益

人工巡检成本每人每年约为20万元，无人机机场每套每年建设运维成本20万元，可替代10人的工作能力。可见，每座机场可产生180（$20 \times 10 - 20$）万元的降本增效。

（4）社会效益

共享机场，政企联动，企业共享。与政府协同实现山火预防、台风灾害检查、周边地理建模（拆迁评估）等工作；与企业合作完成无人机测绘、无人机探查等工作，服务中小企业稳定复苏。

（5）生态效益

实现海岛巡检人工替代，避免人员介入海岛生态环境，保障海岛优质生态资源；推动高质量智能巡检，为输配变设备稳定运行保驾护航，助力海上输电"应送尽送"。

基于数字孪生技术的变电站设备状态评价及检修决策应用

成果完成单位： 国网上海市电力公司、国网上海浦东供电公司

成果完成人： 汤 蕾 万轶伦 吴舒鍪 张 弛 顾黎强 吴欣烨 杨世皓 黄 鑫 张毅洲
朱 涛

01 成果简介

目前设备状态评价主要依赖规程判断和专家经验，存在漏判、误判的风险，导致设备过修或欠修，缺少利用大数据进行综合研判和高效决策的手段。通过该案例的应用，基于数字孪生技术，实时评估设备状态并预测其异常发展趋势，给出差异化检修策略，分析结果推送至新一代变（配）电集控站，由监控班统一监控，可减少不必要的检修带来的检修成本和停电损失，还能够快速定性极早期缺陷，避免其演变为故障，造成设备损失和用户停电。

02 应用场景

本案例基于数字孪生技术开展变电站设备状态评价及检修决策应用，以数据驱动和知识驱动为核心，利用环形验证、人工智能、知识图谱等技术，实时评估设备健康状态并预测其异常发展趋势，输出差异化、精细化的检修策略，相关分析结果推送至新一代变（配）电集控站，由监控班统一监控。

应用案例特色及创新点如下：

（1）将数字孪生技术引入变电站运维检修环节，实现变电站设备关键实时感知数据的虚拟空间数字镜像映射，实现对设备运行状态、设备外观状态及环境运维情况的全天候监测和实时分析评估，并基于数字孪生技术闭环反馈、实时交互的机制，向实体设备下达针对性的运维检修策略。

（2）提出了设备状态监测数据环形验证机制，采用非同源或者非同样原理的数据对同类特征进行交叉验证，既有效解决了单一物联网装置采集数据的可信度问题，又大幅提升了设备状态评价和缺陷认定的效率和准确性。

（3）将数据驱动和知识驱动引入设备状态评估和检修决策，基于人工智能和知识图谱技术，建立设备状态分类评估模型、设备状态发展趋势预测模型、设备状态影响因子分析模型等，对设备当前状态以及未来一段时间的状态进行评估与预测，在此基础上输出差异化的检修策略及异常处置建议。

03 解决方案

（1）案例整体思路

利用高密度实时感知数据和设备全息三维模型，构建实体设备在虚拟数字空间中的映射，同时在数字空间中构建智慧决策大脑，为实体设备提供状态实时评估、异常动态预警、缺陷智能诊断、检修辅助决策等智慧决策支撑。

（2）目标和原则

提升对电网设备健康状态的把控水平，根据设备健康状态提供差异化检修策略，减少不必要的检修带来的停电损失和人力成本，进一步提升供电可靠性，促进电网和设备本质安全。

（3）重点创新内容实施

一是利用高密度实时感知数据和设备三维模型建立实体设备在虚拟空间内的数字镜像映射，能够查看变电站内的设备模型，实时监测重要设备的关键状态以及运行环境数据等重要信息，通过多维度的监测数据全面提升对设备健康状态的把控能力。

二是利用环形验证、专家知识、人工智能分析等核心技术，结合设备状态多维实时感知数据以及负荷电流、环境温湿度等运行工况数据进行研判分析，在线诊断设备健康状态与异常发展趋势，在大幅提升设备缺陷认定效率的同时准确地判断出缺陷的性质与类别。

三是当传感器感知到设备出现异常情况时主动缩短传感器的采样周期，动态跟踪设备的实时状态变化，提前发现设备的早期缺陷及劣化趋势，及时采取相应的处置措施，降低缺陷隐患在网运行时长，提升设备运行安全。

四是系统能够综合考虑设备状态评价结果、状态检修相关规程等多种因素，输出差异化、精细化的检修策略，促进工作效率、检修成本以及供电可靠性的同步优化。

（4）创新组织和支撑保障

在项目研究过程中，浦东供电公司成立技术指导组，负责技术方案的制定、实施和综合管理，保证项目实施制度化、科学化；合理布局各项研究内容的工作计划，划分责任制小组，制定合理的人员分工和科学的时间进度安排；成立项目协调组，负责各项任务的关键节点考核和进度监督，定期开展课题进展汇报与检查，及时发现并解决问题。通过项目攻关锤炼队伍，培养具备高水平技能和跨专业创新思维的复合型人才。

04　应用效果

截至目前，该案例已在浦东地区10余座变电站（开关站）推广应用，发现开关柜内穿柜套管悬浮放电、绝缘件受潮沿面放电、主变低压套管异常温升预警、主变铁芯接地电流异常升高等多起缺陷，为张江、临港、前滩等重点区域建设提供有力支撑，并在冬夏峰保供电、进博保电、浦东开发开放30周年庆典保电等重大保电任务中发挥重要作用。

经测算，将该案例成果推广至浦东全域使用，通过设备状态多维数据分析和趋势预测，全面提高设备状态把控的精准性和及时性，由此进一步提升设备检修策略的差异化、精细化水平，每年可节省检修成本609万元，降低停电损失1313万元；以先进状态感知与时空数据挖掘，及时发现设备异常发展趋势，快速定性极早期缺陷，避免其演变为故障，避免"异常"演变为"故障"的风险，每年可减少因故障造成的设备损失320万元。

此外，基于本案例应用可以对接重要用户高可靠性、高智能化用电需求，提供定制化数字孪生软件产品、配套传感器配置方案以及状态评估、故障诊断等增值服务，大幅提升用户对其自身设备健康的把控能力及管理水平。

无人驾驶技术在±800千伏特高压换流站复杂电磁环境下自动巡检应用研究

成果完成单位： 中国南方电网有限责任公司超高压输电公司昆明局，广州中科智云科技有限公司，深圳市大疆创新科技有限公司

成果完成人： 袁虎强　韩建伟　邵俊人　王　宁　李祥斌　杨青石　赵　晨　杨宗璋　任　君　唐德洪

01　成果简介

本案例研究了多旋翼无人机和L4级无人驾驶的综合智能车在南方电网±800千伏特高压换流站开展设备自动巡检的应用。基于占地面积大、高处设备多、电磁环境复杂的特点，目前存在人工巡检效率低、设备巡检难、数据快速分析的时效性较差等问题。通过研究无人机抗电磁干扰、三维航线规划、北斗、激光及图像识别融合导航算法、云边协同机制等技术，制定了"高空无人机＋地面机器人＋人工"的三维立体巡检方案和"2机＋1人"的巡检技术体系。

02　应用场景

本案例提供了在乌东德电站送电广东广西输电工程（±800千伏特高压多端直流示范工程）送端换流站直流场、换流变广场等特高压直流工程核心设备区域，利用多旋翼无人机对直流穿墙套管、直流滤波器、平波电抗器、换流变1.1套管、避雷网（线）、避雷针等特高压直流核心高处设备和换流站周边环境开展自动巡检作业和L4级无人驾驶综合智能车采用车规级无人驾驶巡检车，完备的车辆安全体系、基于机械臂的全向控制系统、基于目标识别的设备控制技术和云边协同，全时全域作业方案的应用场景。首创了360度"空对地"和"地对空"的三维立体巡视作业体系，建立了无人机＋机器人＋人工的"2机＋1人"的特高压换流站多协同巡检作业方式。本案例的多旋翼无人机，采用搭载红外传感器、可见光传感器等巡检作业工具，结合六向核心冗余传感器、双天线RTK定位功能、毫米波雷达避障、三维电子围栏等安全保障技术，在抗电磁干扰技术、安全精准巡视控制、三维立体航线规划、作业安全管控策略等作业技术，同时L4级无人驾驶的综合智能车自带WAPI通信模块，提供了多个层次的失效监控和应对机制，机械臂支持拖拽示教和基于目标识别的设备控制技术，解决了人工巡检效率低、高处设备巡检难、隐患发现不及时的问题。

03　解决方案

无人机以实现在特高压换流站复杂电磁环境下自动巡检为目标，结合生产实际应用需求，特从以下八个方面开展了技术研究：

一是在设备运行态对换流站巡检区域开展电磁环境分布情况测试，摸清巡检区域的电磁环境分布情况；

二是采用无人机倾斜摄影、正向摄影及地面人工测试方式对巡检区域开展三维立体激光点

云扫描，建立了准确的三维立体激光点云设备结构模型和巡检区域三维地图模型，构建基于激光点云的换流站数字孪生平台；

三是对照三维点云设备结构模型和三维点云地图模型，设置三维电子围栏作为巡检对象的保护区和无人机禁飞区，按照生产业务实际需求确定信息，分层分类纳入无人机、机器人和人工巡检范围；

四是参考设备运行状态复杂电磁环境，反复测试确定每个航点的最佳精准坐标位置、可见光及红外相机参数，连接航点形成无人机自动巡检最优路线；

五是对照设备实物台账对点云巡检对象进行精准关联，实现设备台账与巡检对象之间的物联信息关联；

六是研制首创了智能固定式 RTK 基站，建立起无人机位置参考坐标系；

七是基于站内现有的 WAPI 无线通信网络，研制了无人机巡检远程监控及数据处理装置、换流站设备精细化巡检三维航线规划平台；

八是对无人机巡检关键设备开展了巡检故障破坏性试验和作业安全评估，分析巡检过程可能出现的各种故障应急情况，研究制定无人机应急响应策略和程序固化措施。

无人车从以下五个方面开展了技术研究：

一是 L4 自动驾驶技术自研。通过研究北斗、激光及图像识别融合导航算法，提升机器人导航定位的准确性及稳定性；

二是可见光图像识别技术研究。基于管理处已具备的大量的巡检目标照片，通过自动检测和人工标注修正等方式构造巡检目标的数据集；

三是红外数据分析技术。利用红外热成像仪拍摄的图像与物体表面的热分布场相对应；

四是研究协作机械臂及外观图像识别融合控制算法，辅助一线人员自主变更巡检点位；

五是通过研究目标识别算法云边协同机制，实现算法远程迭代升级。

04　应用效果

通过实施项目案例，±800 千伏昆北换流站生产应用效果提升明显。

（1）无人机

管理水平方面，首次实现了多旋翼无人机在特高压换流站自动巡检作业，推动了特高压换流站向少人化、智能化方向发展。生产效率方面，巡视效率提升 310％。经济效率方面，每年可产生经济效益及节约成本合计超过千万元。社会效益和生态方面，项目研究成果经过本地化三维扫描后，可在南方电网系统换流站及大型变电站推广应用，具有示范作用和长远意义。

（2）无人车

实现不间断巡检作业；实现了表计读数识别、设备外观识别、设备红外识别等作业应用；巡检效率较人工巡检提升 8 倍，较传统机器人巡检提升 2 倍；扩展了作业安全巡视（安全帽识别）；覆盖全站 10000 余个巡检点位；实现了工业园区内 L4 级自动驾驶，提升了设备稳定性；算法多样化，利用南网人工智能平台、车端边缘计算模块进行云边协同配合，可无限在云端扩充算力，优化算力，可做到换流站全覆盖无死角巡检。

兰州配电房智能监控系统项目

成果完成单位：国网甘肃省电力公司，国网兰州供电公司，天津浩源汇能股份有限公司

成果完成人：赵　军　钱进宝　任志强　李鹏刚　夏金领　齐文学

01　成果简介

甘肃兰州配电房智能监控系统项目创新利用智能融合终端，深化应用并开发多种 App 实现配电房内安装的智能感知终端、开关柜监测传感器、摄像头、人证一致、机器人、动环类设备等多种类型监测数据的智能采集及上传。

系统后台部署在云端主站，实时接收监测数据，实现对配电设备状态及环境的安全隐患、异常告警、故障定位的实时监测；提高电力系统的安全性、可靠性、稳定性；保障配电网安全稳定运行和高质量发展，助力配电网精益化运维管理。

02　应用场景

系统适用于重点保电配电房、无人值守配电房等各种形式的配电房环境。

系统的多状态感知设备支持在不停电方式下安装、调试，实现对变压器和高压柜设备图像、局部放电、红外线、声音、温湿度等数据采集，并可对信息进行分布式计算和分布式存储，最大化减少对通信带宽的需求，确保异常信息能实时发现、实时预警。

系统采用智能融合终端，实现无线通信、数据加密功能，实现配电房监测数据的远程安全上传。在实现远程在线监测的同时确保了信息传输的安全。

系统采用微应用多任务模式，实现对分散的、众多的配电房的数据接入。实现对配电房的远程监控、集中管理；运维人员无需亲临现场即可及时了解设备运行状态，直接对现场进行监听、监视，将事故消灭在萌芽状态，确保电力系统稳定运行。

系统依托配电物联网云主站和移动报警终端，实现设备状态的智能分析，自动生成辅助运检策略，精准制导运维人员开展问题治理，确保设备处于正常状态。对于采集到的异常报警，通过工单形式点对点推送至抢修人员，提高客户服务保障能力。工单执行结束后，将执行结果和工单备份数据发送回系统，系统进行工单备份以便于核查。

03　解决方案

以打造"互联互动"、发展智慧电网为方向，以应用场景为导向；以"贴近设备、夯实基础、完善手段、智能运检"为重点；以高集成度、非接触式智能终端为核心；充分发挥边缘计算分布式、低延时、高效率的优势；通过数据融合分析，以 AI 人工智能新型数据处理方法为工具，实现监测数据的跨专业融合，提高数据分析诊断和预警能力；基于"云、物、移、大、智"，以全景可视化和多状态感知技术融合的方式，提升设备状态的管控力和运检管理穿透力，提高设备运维检修效率，不断提高变电运维标准化、精益化和智能化水平，向更智能、更高效、更安全方式转变，实现配电房全景智能管控。

多状态数据可视化：通过数据可视化技术，实现高频、特高频、超声、TEV、红外线、温湿度、声音等各种传感器数据的图像展示，对各类数据进行告警阈值设定，对超过阈值的告警数据进行推送；对全部主辅设备的监控摄像头视频画面（包括高集成非接触智能传感器上的视频画面）进行展示，同时结合规程和专家经验库，基于图像识别、智能推理及大数据等智能分析技术构建基于多物理量感知的变电设备缺陷主动预警机制。

辅助控制远程化：配电房辅控系统的风机、水泵等环境辅助控制设备是保证配电房设备安全运行的重要手段，通过对环境的监测，根据需要及时投入辅控设备，并实现对现场环境的及时有效干预。

故障检修状态化：配电设备的定期检修不仅降低了设备的资产利用率，同时也影响了供电可靠性。通过设备绝缘、热、外观等方面状态参量的综合监测，同时引入人工智能技术对设备状态进行评估的同时对设备故障进行预测，转变当前的检修方式，提高其经济性和供电可靠性。

视频监控及表计识别：配电房设备动态、火灾情况、人员进出情况、防盗监控等，让用户实时了解配电房实际情况，系统基于图像识别、智能推理及大数据等智能分析技术，利用专家经验库、标准规程库实现智能巡检功能。

甘肃兰州配电房智能监控系统项目已开启多个智能配电房监控系统项目的建设，取得了良好的应用效果。

04 应用效果

（1）提高配电房管理效率

实时监控配电房环境数据、设备运行状态，对现场的用电设备进行统一管理，免去工作人员到现场巡查的繁琐工作，工作人员在监控室即可全面掌握配电房的各种信息。

（2）降低运行管理成本

对配电房进行智能监控，提高了管理效率，减少人工巡检的工作量，为配电企业降低人力成本。同时对事故隐患可提前预估，提早干预，降低了事故处理成本。

（3）延长设备寿命，节约建设成本

通过实时监测设备的运行状态，可在设备故障前提前预警，降低设备故障率，延长了设备寿命，减少了故障抢修或更换的成本；通过监测并控制配电房内的温湿度等各项指标在合理范围内，保证了设备在良好的工作环境下正常运行，可延长设备使用寿命。

（4）降低安全风险

发生告警事件时，通信监控主机可代替管理人员快速启动联动设备，及时处理告警事件，有效预防事故进一步恶化。

（5）移动监控便捷管理

工作人员有事外出时，也可通过手机实时了解配电房情况，实现移动监控，有效降低因工作人员值班不到位所带来的风险。

本系统为智能配电网信息化整体架构的自动运行、智能监测、智慧决策提供支撑，提升配网故障综合研判能力，提高故障抢修效率、供电可靠性和客户服务水平。

变电站远程智能巡检视觉感知关键技术应用

成果完成单位： 国网白银供电公司，国网甘肃省供电公司，国电南瑞南京控制系统有限公司

成果完成人： 吴兆彬　王　锋　王　程　付智鑫　陈　维　陈振勇　孙　瀚　张　政　焦志强
　　　　　　陈华泰

01　成果简介

变电站远程智能巡视系统通过联动站内高清摄像头和巡检机器人，借助人工智能技术对拍摄的室内外一、二次设备及辅控设备进行自动分析，形成单次任务巡视报告，供运维人员调阅查看。针对人工智能算法模型跨区域鲁棒性不高、部分点位因为图像信息不足存在误识别的问题，开展增量学习、多源图像融合等关键技术攻关，并将这些技术实践应用于甘肃白银区域型远程智能巡视系统，切实响应国网公司"两个替代"建设要求，推动人工智能技术的深化应用。

02　应用场景

随着变电站无人值守、设备运行集中监控等电网运行模式的推进，生产人员不足和巡视工作量增加之间的矛盾日益突出，传统依靠"人工巡视、手动记录"的方式已难以满足现代化电力行业发展的需求。人工巡视成本较高，巡视结论和质量受人员自身因素影响较大，且运维班和地市公司层面缺乏有效的集中监控方式，未能利用视频/图像分析等先进技术提升巡视效率，智能化程度较低。

针对人工巡视的问题，国网白银供电公司结合自身情况，创新性地在集控主站建设区域型远程智能巡视系统，实现该模式在国内首台首套投入运行，系统已接入 7 座 330 千伏、2 座 220千伏、46 座 110 千伏等共计 55 座变电站的巡视设备，可实现对所辖变电站的统一管理，从主站下发任务，联动各站高清摄像机、机器人等，基于人工智能算法完成主变、开关、刀闸、表计等一、二次设备的状态识别和自动巡视，记录巡视结论并上传告警信息。该系统的建设切实提升了运维人员的工作质量和效果，但系统所含的人工智能算法仍存在跨站运行鲁棒性不高、单一图像所含信息有限造成误识别等局限性。

国网白银公司针对算法模型的局限性展开技术攻关，提出增量学习技术，实现算法模型的高质效迭代和可识别类型便捷拓展；提出多源图像融合技术，实现变电站内设备缺陷及异常的快速追踪定位。

03　解决方案

（1）方案思路

国网白银供电公司建设的区域型远程智能巡视系统已具备外观缺陷识别、设备运行状态分析等智能化功能。但在系统应用过程中发现算法模型的鲁棒性和单一点位识别准确性仍有提升空间，因此中国电网白银供电公司开展视觉感知关键技术研究，并在建设的巡视系统中进行技术验证和实际应用，实现所辖变电站算法模型的泛化统一，提升不同厂家同类型设备的识别准确度。

（2）方案目标

完善建设的区域型远程智能巡视系统视觉感知体系，提升设备感知手段，丰富图像信息，实现不同角度、型号的设备准确识别，准确率达到88%以上；提升算法模型普适性和泛化性，实现所辖变电站模型高效统一。

（3）方案原则

建立主站式区域型智能巡视系统应本着统筹规划、分布实施、标准统一、稳定可靠、先进实用的建设原则，有效逐步落实设备识别视觉感知技术应用，提升算法模型的普适性和准确性，实现智能巡检设备状态判别的"主动运维"，推进"两个替代"体系建设。

（4）重点创新内容实施

为进一步提升电网运检效率效益，挖掘建设的区域型远程智能巡视系统的能力，中国电网白银供电公司逐步优化计算机视觉智能识别算法，扩展巡视点位的技术手段，建立多源融合感知体系；完善数据共享体制，建立站点间的模型迁移共享体系。

多源感知体系：本方案提出多源图像融合技术，解决由于单一图像语义信息不完整造成无法准确读取表计示数、分合指示等设备状态的问题，技术路线如图1所示。在执行巡视任务过程中，对位于设定区域内的同一设备，会存在"可见光＋红外"的多源感知手段或"高清摄像机＋机器人"的多源感知设备，所获取的图像信息侧重不同并具有互补性，通过多源图像的融合技术可丰富巡视图像的语义信息，实现变电站内设备缺陷及表计示数的快速、精准追踪定位与识别。

模型迁移共享体系：本方案提出模型泛化与增量学习技术，解决人工智能算法模型进行跨站应用时带来的模型失配与性能下降问题，技术路线如图2所示。

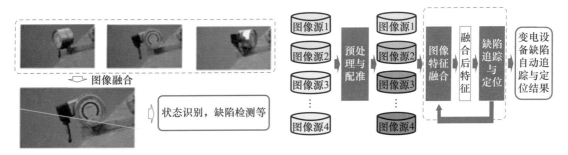

图 1　多源图像信息融合检测技术

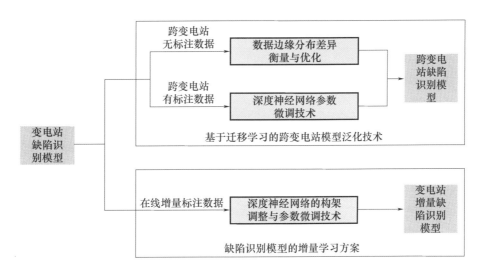

图 2　变电站间数据共享机制与增量学习技术实施方案示意图

利用数据边缘分布差异衡量优化技术，提升模型泛化性能；建立区域型巡视系统站点间数据共享机制，提出深度神经网络的架构调整与参数微调技术，实现站内模型高效迭代，针对未知类别的缺陷，模型具备便捷拓展和识别能力。

（5）创新组织

应对运维人员配置不足、设备运维压力大、设备监控智能化水平低的问题，中国电网白银供电公司构建区域型远程智能巡视体系，完善目标识别技术、提出增量学习技术，具备设备状态精准感知、站点间数据共享传输，实现作业移动化、信息全面化、巡视智能化的目标。

（6）技术支撑

本方案建设的区域型远程智能巡视系统采用服务器集群架构，系统各功能模块配置灵活，基于数据分布式存算技术，服务器计算资源均衡；

为实现站点间数据共享，进一步提升算法性能指标，建设算法集群管理模块，贯通各站点间高带宽的网络链路。

04　应用效果

（1）巡视工作效率

应用本方案提出的视觉感知关键技术，单站点的表计/外观识别准确率均达到应用标准，建设的区域型远程智能巡视系统基本完成日常例行巡视模式从人工巡视到"任务多站执行，报告单站审核"的转化。以白银集控站接入 55 座变电站为例，巡视时间可从原有人工巡视 3～5 小时/站缩减为任务执行 2 小时，报告审核 1 小时/站，共计缩减时间 150 余小时。

（2）设备管理水平

应用本方案提出的视觉感知关键技术，区域型远程智能巡视系统已具备实时视频分析（静默监视）功能，可实现对重要设备、环境、出入口 24 小时全方位不间断远程监视、状态分析，高效准确地向监控人员推送报警信息，及时通知运维人员进行处理，保证设备可控、在控，提升设备管理水平。

10千伏架空线路机载局部放电检测

成果完成单位： 国网湖北省电力有限公司，国网湖北省电力有限公司荆州供电公司，南京奥途信息技术有限公司，南京土星信息科技有限公司

成果完成人： 陈家文　蔡　超　蔡　勇　李　昇　张　勇　赵雁强　阳晓东　胡俊勇　杨先才　侯巍伟

01　成果简介

本案例是一种新型的配网线路局部放电巡检手段，通过无人机搭载声纹局部放电检测设备对配网线路进行局部放电巡检。由无人机飞手与地勤两人一组组建无人机飞巡小队，飞巡小队首先使用无人机高清摄像头拍摄两至三张杆塔的可见光图片，然后使用声纹局部放电检测设备对杆塔进行检测，实时识别与定位缺陷位置，判断局部放电类型，最后结合可见光高清图片与声纹局部放电图片输出检测报告。

02　应用场景

本案例主要应用在配网场景，依托无人机灵活的机动性能，将声纹局部放电检测装置与无人机进行结合，实现局部放电部位识别、定位功能，解决无人机巡视中缺乏声音信息维度、隐蔽放电点无法有效检测等问题。

　　　　无人机装置　　　　　　局部放电声纹巡检仪　　　　　　遥控器

特色及创新点：

无人机巡检：传统的电力巡检需要人工进行，耗时且危险。机载式声纹相机依托无人机进行巡检，提高了效率，同时降低了现场作业人员的安全风险。

硬件方面：创新性采用基于深度学习的声学结构逆向设计方案，允许特定频率范围的声波高透射，针对性衰减气流噪声、桨叶旋转噪声、无人机电机发电噪声等其他频率的声波干扰信号。

算法方面：利用近场定位算法和混响消除算法，排除回声和反射干扰。基于带通滤波、小波变换滤波和深度学习的方法实现信号提取与分类，自动识别设备异常，提高局部放电类型识别准确率。

轻量化设计：对探测设备进行合理的结构布局设计，减小设备体积，减轻设备重量，达到

117

满足无人机设备的搭载及探测巡检飞行需求。

机载式声纹相机在配网场景巡检中具有较高的技术创新性和应用价值，提高了巡检效率和质量，降低了工作人员的安全风险。在未来的电力配网巡检中，这种技术有望得到更广泛的应用。

03　解决方案

（1）整体案例思路

配网线路无人机挂载式声纹局部放电巡检服务是通过无人机挂载声纹局部放电设备，对配电网路线进行故障检查。分析声纹局部放电数据，判断配网线路是否存在隐蔽放电现象，为基层运维班组采取有效处缺措施提供数据支撑。

（2）目标与原则

提高配网线路巡检的效率和准确性，减少人力和物力资源的浪费，同时提高对线路故障的快速定位和精准诊断能力，降低故障处理的成本和时间。

在实现这一目标的过程中应遵循以下原则：

安全原则：确保无人机声纹局部放电巡检过程中的安全性，避免对人员和财产造成损害。

精准原则：确保巡检结果的精准性和可靠性，避免漏检、误检等情况的发生。

高效原则：确保巡检过程的高效性，提高配网线路巡检的效率和准确性。

（3）重点创新内容实施

技术创新：采用声学透镜材料，依据流体力学设计思想，减少风噪。运用近场定位算法与混响消除算法，消除反射干扰。搜集典型局部放电故障样本，运用深度学习技术，训练局部放电诊断模型，达到识别配网线路局部放电类型的目的。

工作流程创新：通过无人机实现对配网线路的隐蔽放电点巡检，实现对人力和物力资源的节约，同时提高巡检效率和准确性。

（4）创新组织

人员培训：对无人机操作人员进行专业培训，提高其无人机操作技能和巡检知识。

设备保障：保证无人机和挂载设备正常运行，避免设备故障对巡检工作的影响。

（5）支撑保障

人才培养：培养一批专业技术人才，提高研发和应用水平。

政策支持：积极争取政策支持，为配网线路无人机挂载式声纹局部放电巡检服务的推广和应用提供有力保障。

安全保障：建立安全管理体系，确保无人机巡检过程中的安全性，避免对人员和财产造成损害。

04　应用效果

机载式声纹相机配网巡检服务的应用可以带来多方面的显著变化，主要表现在以下几个方面：

（1）管理水平方面

机载式声纹相机配网巡检服务可以实现对配网设备隐蔽放电点全方位监测和巡检，减少了人力成本和巡检时间，提高了巡检效率。同时，采用人工智能技术，可以快速分析和处理巡检数据，为运维人员提供准确的信息，缩短了故障排除时间，提高了电网企业的管理水平。

（2）生产效率方面

机载式声纹相机配网巡检服务可以实现对配网设备的实时检测，及时发现故障并进行处理，避免了故障的扩大和损失的加剧，提高了设备的可靠性，从而提高了电网企业的生产效率。

（3）经济效益方面

机载式声纹相机配网巡检服务可以减少人工巡检的成本，提高巡检效率，降低设备故障率，避免了故障造成的损失，从而提高了电网企业的经济效益。

（4）社会效益方面

机载式声纹相机配网巡检服务可以消除配电网设备的安全隐患，保障了电网的安全稳定运行，提高供电质量，提升广大客户用电体验。

（5）生态效益方面

机载式声纹相机配网巡检服务可以实现对电网设备的实时检测，及时发现故障并进行处理，避免了故障对环境的污染和影响。

综上所述，机载式声纹相机配网巡检服务的应用可以带来多方面的变化，提升企业的管理水平、生产效率、经济效益、社会效益和生态效益，从而为企业的可持续发展提供有力支撑。